応用倫理学講義

——

澤井努

慶應義塾大学出版会

序　文

21世紀に入り、すでに20年が経過した。この間、科学技術は、おそらく読者の皆さんが思っている以上に急速に進展している。その結果、カズオ・イシグロの『わたしを離さないで』（クローン人間からの臓器移植が主題）やアンドリュー・ニコルの『ガタカ』（優生思想や遺伝子操作が主題）など、SF小説や映画で描かれていた仮想的な世界がさまざまな場面で現実味を帯びてきている。

そこで生起する問いが、本書のタイトルでもある、「命をどこまで操作してよいか」だ。

これはどこか大げさで、不安を煽っているように聞こえるかもしれない。しかし、私にとっては決して大げさではなく、この問いを発することで不安を煽る意図もない。本書が扱う先端科学技術は、社会を大きく変えるインパクトを持ちうるだけに、まさに今、私たちが取り組むべき切実な問いだと考えている。

本書が目指すのは、誰が絶対的な答えにいち早くたどり着けるかを競うことではない。最終的に私は自分なりの答えを導くが、その答えを読者の皆さんに受け入れてもらいたいわけでもない。むしろ、読者一人ひとりには私の答えを批判的に捉え、自分自身の答えを導いてもらいたいと思っている。その意味で、「命をどこまで操作してよいか」という問いに答えるのは、私でもあり、読者一人ひとりでもあるのだ。

科学の最前線で倫理を考える

本書には二つの新しさがある。

第一に、科学と倫理の最前線で議論する点である。

私は、先端科学技術を開発する研究所で生命倫理を研究している。その現場では多様な細胞を作り出すES細胞やiPS細胞が生み出され、それらから精子・卵子、受精卵や脳の**ようなもの**が作り出される。さらに細胞の遺伝子を操作して、病気の原因を調べたり、薬を作ったりする。そんな最先端の生命科学を研究する研究者とも連携しながら、私たちはどう生きるべきか、社会はどうあるべきかについて考えている。本書では、私が日頃から向き合っている、「命の操作」に関連する代表的な問題を盛り込んだ。時事性の高い先端科学技術と生命倫理学の接点（科学と倫理の最前線）で問題提起することは、これまでにありそうでなかった新たな試みである。

第二に、「道徳的地位」という考え方を導入する点である。

道徳的地位とは、人（家族や他者）、動物（伴侶動物や野生動物）、人工物（実験室で作られる細胞の塊）、生態系（土地を含む広義の自然）がそれ自体で持つ価値や、私たちが付与する価値を分析するための概念である。詳しくは第1章で述べるが、哲学や倫理学では1970年代以降、動物実験、中絶、胚研究、環境問題などの文脈で、私たち一人ひとりが動物、胎児、胚（受精卵）、自然環境に対してどのような道徳的義務を負うかが盛んに議論されてきた。その中で中核的な役割を果たしてきたのが、道徳的地位をめぐる議論である。しかし日本ではまだ本格的に、または一般に向けて道徳的地位は論じられていない。私の見立てでは、動物を扱う研究も、人の細胞を扱う医学研究も、ゲノム編集を用いた生殖も、道徳的地位の考え方を導入することで、ある程度すっきりと問題を整理することができる。その意味で、道徳的地位は、哲学や倫理学の分野でのみ有用な分析概念ではなく、一般社会でも有用な、極めて実践的な分析概念でもある。この本を手に取る読者には、新しい思考法として、道徳的地位の考え方を知ってもらいたいと思う。

本書の射程

本書は、（それほど長い本ではないが）射程が広い。先端科学技術に関して、基礎研究から医療応用までを扱っている。科学技術とか、生命倫理とか聞くと、（医療）応用に目が向きがちである。それが私たちにとってどう影響するのかが関心事になるためだ。本書では、読者に直接的に関係するわけではないが、研究開発によって引き起こされる重大な問題にも焦点を当てる。

また、射程が広いというのは、問題が先端科学技術にとどまらないということでもある。新しい問題を通して、実は古くから（それこそ1970年代から）議論されてきた問題にも目を向けることになる。たとえば、動物の体で人の臓器を作る研究を通して、動物の研究利用について顧みるとか、人の胚へのゲノム編集を通して、着床前診断による胚の選別について顧みる、といったように。その意味で、最先端の科学や技術の在り方を考えることは、科学や技術全般の在り方を考えることにもつながるのだ。

本書の内容は、学問的には生命倫理学（広くは応用倫理学）という分野に位置づけられる。このように言うと、「生命倫理学（応用倫理学）は倫理学の一分野に位置づけられ、……」といった説明を期待する人もいるかもしれないが、そのような学問の話はしない。本書が扱うテーマがどの分野に位置づくかはさして重要な問題ではないからだ。生命倫理学（応用倫理学）とは、具体的な生命倫理の問題（生殖医療、中絶、幹細胞研究、動物実験、尊厳死・安楽死、臓器移植など）に取り組み、規範（何をすべきで何をすべきでないか、何をするのが良くて、何をするのが悪いのか）を導く実践的な学問だというくらいに理解しておいてもらえれば十分である。

倫理とは何か

私たちは時に、ある行為を見て、「倫理に反する」とか「モラルがない（人道に反する）」と感じたり、言ったりする。このとき倫理や道徳は、個人や社会のルールといった意味で用いられている。本書で倫理と道徳を用いる場合は、基本的には私たちが守るべき「ルール」と理解しておいてもらって構わない。つまり私は、倫理と道徳を交換可能な用語として見なしている。この意味で、倫理・道徳と法とは自ずと異なる。法とは、それが倫理的に正しいと考えていようが、正しくないと考えていようが、それに従わなければ処罰されるルールである。それに対し、私たちは倫理・道徳に悖（もと）る言動をしたら、（皆さんも経験があるかもしれないが）法で処罰されなくても、非難されることがある。

とはいえ、倫理の問題を考えるとなれば、途端に摑みどころがないとか、どのように考えてよいのかが分からないと思う人もいるだろう。なぜなら、絶対的なルールがあるのかどうかも、あるならそれをどう見つけるのかも分からないからだ。すでに触れたように、私は倫理を絶対的なルールと考えておらず、むしろ私たちが構築していく相対的なものだと考えている。さらに言えば、ある問題を十分に深く考え、個人として、または社会として導く答え（ルール）が倫理・道徳だと考えている。したがって、「倫理的に考える」とは、答えを導くための思考方法に他ならない。

それでは、倫理的に考えるとはどういうことか。それは、時々の感情のみに従って考え、場当たり的に答えを導くのではなく、できるだけ合理的に考え、熟慮の末に答えを導くことである。ただし、それは理性のみに依存して考えることを意味しない。18世紀スコットランドの哲学者であるデイヴィッド・ヒューム（1711–1776）が言うように、道徳判断には感情の要素、感情的な反応が不可欠だと私自身も考えている。その意味では、個人や社会が導く答え、またその過程を合理的に説明できるようになること、それが倫理的に考えるということなのだ。

その際に重要なのは、何らかの道徳判断を下す際、なぜそのように考えるのかを示すことや、自身の考えをサポートする理由や証拠が正当かどうかを確認すること、さまざまなものの見方を参照したり、類似の事例と比較したりすることで、自身が下す判断の公平性を担保すること、である。各章で私が導く倫理は、その道筋をできる限り分かりやすく示したつもりだ。読者にはその過程を批判的に見てもらいたい。

本書の構成と読み方

本書は6章から構成されている。

第2章～第5章の内容はそれぞれ完結している。しかし、第1章（道徳的地位に関する議論）を読んでもらわなければ、それに続く各章の結論がなぜそうなるのかを十分に理解してもらえない。したがって、たとえば、1章と3章（体外で胚や脳を作ること）、1章と4章（体外で作られた精子・卵子から子どもを生み出すこと）、というように1章とセットで読んでもらいたい。また、理論的な枠組みに関心があるという読者は、第1章と終章を読んでもらえれば、私がどのような生命倫理の議論が重要だと考えているのかを分かってもらえるだろう。以下では、各章の見どころに触れておこう。

第1章では、道徳的地位の考え方を網羅的に紹介したうえで、2章～5章で採用する原則を導く。道徳的地位の考え方は、普段、私たちがそれほど意識していない（または、意識しないようにしていた）存在者に対する道徳的義務を考えるうえで重要である。すでに多くの見方が示されているが、そうした見方があることを知るだけでも、自分自身の倫理観は広がり、自分以外の多様な存在者への配慮に影響を及ぼすだろう。

第2章では、動物の体で人の臓器を作ることの是非を論じる。2000年に入りほどなくして、人と動物のキメラを生み出すことの是非が生命倫理学の分野で盛んに議論されるようになった。当初は抽象的な議論が多かったが、時間が経ち、議論を積み重ねるにつれて、より本質的で、具体的な議論へと移行することになる。そこでは、イメージ先行型の議論から、科学的知見に基づく議論へ移行したと言うこともできるだろう。

第3章では、体外で精子・卵子、胚のようなもの、脳のようなものを作ることの是非を論じる。これらの研究は、現在日本でも多くの科学者が力を入れて取り組んでいる。読者の中には、研究開発の現場で起こっていることは、自分の実生活と接点がないので関係ないと思う人もいるにちがいない。しかし、この研究が将来、私たちに恩恵をもたらす可能性もある。その意味では、今、どのような道徳判断を下すかによって、研究開発に制限をかけるかどうかが決まる。その決断によっては、将来、私たちが得るかもしれない恩恵も変わるのだ。

第4章では、体外で作られた精子・卵子を用いて子どもを生み出してよいかどうかを論じる。これは、前章で扱う体外で精子・卵子を作る研究の結果として得られる恩恵の一つである。1978年、世界初となる体外受精技術を用いた子ども（ルイーズ・ブラウンと名付けられた女の子）が誕生した。それから40年が経ち、今や体外受精で生まれる子どもの数は、国内の総出生数で言えば16人に1人という高い水準だ（2018年のデータ）。近年、生殖医療へのニーズが高まっている事情もあるが、体外で精子・卵子を作ることができれば、不妊症のカップル以外にも、それを利用したいという人は当然現れるだろう。そこでは、子どもを持ちたい人なら誰でも自由に子どもを持てる社会を実現すべきなのかが問われる。

第5章では、生まれる前の子どもにゲノム編集（遺伝子操作）を行うことの是非を論じる。2018年、この技術を用いた子どもが誕生したことが報じられ、世界を巻き込んだ論争が生じている。しかし、これが起こる前から、いずれ遺伝子を自由自在に改変できる時代が訪れるのではないかという期待と不安は存在した。遺伝子操作を行えば、望ましい形質が得られるという遺伝子決定論は楽観的な見方ではあるとしても、生まれる前の子どもの遺伝子を操作することをどの程度認めるべきなのか。前章と同様にこの問題は、将来の生殖や家族の在り方を大きく変えるインパクトを持っている。

終章では、2章〜5章までで導くような個人レベルの答えを、社会レベルで導く場合、どのような議論の過程が必要になるのかを示す。そこでのキーワードは、モラトリアム（研究の一時停止）、市民参画、社会的合意だ。自分なりの答えを導くのはそう難しくない。しかし、社会としての答えを導くのは骨の折れる作業である。ただしこの過程が、科学技術に関する倫理を構築するうえでは大事なのである。終章では、先端科学技術の在り方に関して、私たち一人ひとりが社会の倫理の構築にいかに関与すべきであるのかを示したい。

各章で扱う科学と倫理の議論には、読者にとって馴染みのないものもあるかもしれない。そんな読者のためにも、議論をできるだけ丁寧に説明し、本論と関係するものの、本筋から逸れる問題についてはコラムで補足的な説明を加えた。また、説明だけではイメージが湧きにくい部分にイラストも入れているので、それらも参考にしながら読み進めてもらいたい。

本の難易度としては、文理問わず、大学生が予備的な知識なく理解できるよう配慮したつもりだ。もちろん、一般の方に読んでもらい、こういう議論に参加してみたいとか、高校生が読んで大学でこういう分野で研究をしたいとか思ってもらえたなら、私としてはこれ以上の喜びはない。

命をどこまで操作してよいか

目　次

命をどこまで操作してよいか

応用倫理学講義

第1章
私たちは誰（何）に対して道徳的義務を負うか
道徳的地位の議論から考える

本章のキーワード
道徳的地位、生命への畏敬、有感性、自己意義、人格（パーソン）、道徳的行為者、潜在性議論、生命の主体、道徳的受動者、生物社会理論、土地倫理、思いやり（ケアリング）

私たちは日常生活において、自覚的に、または無自覚にさまざまな人、物に対して道徳上の義務を負っている。近年、生命科学の研究開発・技術開発が進み、その現場では人の要素を持つキメラ動物や、精子・卵子のようなもの、胚（受精卵）や脳のようなものが人為的に作られるようになってきた。また将来的に体外で作った精子・卵子から子どもを生み出したり、生まれる前に遺伝子を操作したりすることで、すでに存在する私たちだけでなく、その子や孫の世代に大きな影響を及ぼす可能性もある。まさに今、道徳的に配慮すべき対象が急速に拡大する、新たな倫理的次元に入っているのだ。本章では、これらの問題を議論するうえでヒントとなる考え方をいくつか紹介する。

1　生きているものと生きていないものの境界

1997年に出版された生命倫理学の名著『道徳的地位——人格（パーソン）とそれ以外の生きているものへの義務』において、哲学者のメアリー・アン・ウォレン（1946–2010）は「道徳的地位」という重要な概念を体系的に論じた[01]。具体的には、道

図1　ウォレンは、多様な存在者がどのような道徳的地位を持つのか検討し、私たちが彼らへどのような道徳的義務を負うべきかを考えた

徳的地位の原則を打ち立て、私たちが、人、胚（受精卵）や胎児、生きているもの、そして生きていないものに対してどのような道徳的義務を負うのかという問題を探究しているのだ。

「ある存在Xが道徳的地位を持つ」という主張は道徳的に重要な意味を持つ。ここでいう存在Xとは、人、動物、植物、人工物、自然環境など何でもよい。

日本社会であまり馴染みのない概念、「道徳的地位（moral status）」とは、欧米の哲学者が机上のみで用いている空虚な概念などではない。私たち一人ひとりが、人や動物を含むさまざまな存在者とどう向き合っていくべきかを考えるヒントになり、具体的な行動にもつながる実践的な概念でもある。その意味で道徳的地位をめぐる議論は、直接的、間接的に社会に影響を及ぼす力を持っているのだ。

「ある存在Xが道徳的地位を持つ」と言うとき、私たちのように、自分の行為に責任を負える人（「道徳的行為者（moral agent）」という）は、Xに対して道徳的義務を負うことになる。「道徳的義務を負う」とは、Xを自分の好き勝手に扱ったりせず、Xの欲求、利害、福利（ウェルビーイング［well-being］）などを考慮する道徳上の義務があるということである。ここで大事なのは、Xを道徳的に配慮すれば自分たちに何かよいことがあるからそうするのではなく、Xがそれ自体で道徳的に配慮する価値があるからそうしなければならないということだ（Warren, M. 1997=2002, p.3）。

以下ではウォレンの議論を参考に、具体的に考えていこう。

私たちは道端に落ちている石に対してどのような道徳的義務を負っているだろうか。この問題を真面目に考えようとすれば、石の特性に注目することになるだろう。石は生命を持たない無生物であり、投げたり、蹴ったりしても何ら痛みを感じない。誰かが石を金槌で叩き割っていても、川や池に石を投げ込んでいても、それによって誰も傷つかないし（叩き割ったときに誰かにあたったり、石を池に投げ込むことで所有者が困ったりしない限り）、その行為に対して特に何も思わないだろう。ましてや石に対してひどいことをしているとか、不正を働いているとかは考えない。これは、石それ自体が配慮すべき欲求、利害を持たないからである。つまり、一般的に、私たちは道端の石に対して何の道徳的義務も負わない。これは多くの人の直観に適っているだろう（もちろん例外もある。おそらく多くの人も経験的に同意すると思うが、たとえば、大事にしている石や、宗教的に神聖とされている石は特別な価値を持つ）(p.4)。

このとき私たちは、7歳の子どもと道端の石は違うと考えている。子どもは石と違い、配慮すべき利害を持つと考えているのである。したがって、私たちは子どもに対して道徳的義務を負う（これが胚や胎児の場合、それらが道徳的地位を持つかどうか、またそれらに対して道徳的義務を負うかどうかに関して、意見が分かれる）。これも多くの人の直観に適っているはずだ。

ともあれ私たちは、石は道徳的地位を持たず、子どもは道徳的地位を持つと考えている。この意味で、「子どもは道徳的地位を持つ」という主張は、当たり前のようだが道徳的に重要な意味を持つ (p.5)。

もっとも哲学者の中には、「道徳的地位」の概念を用いることに反対する者もいる。というのも、道徳的地位によって明らかにしようとすること（たとえば、人は道徳的地位を持ち、無生物の石は道徳的地位を持たないと言うこと）は、人間中心主義的、エリート主義的に映るからである。また、これまでの説明では、「ある存在者Xが道徳的地位を持つ（または、持たない）」という主張は一般化可能なように思えるかもしれない。これに対して、倫理的エゴイスト（自身のルール以外にルールはない）、ニヒリスト（この世界に本質的に価値あるものはない）、相対主義者（価値は相対的なものである）、主観主義者（人それぞれ意見は異なる）、またある宗教、文化・伝統の立場を自覚的に取る人たちは必ずしも同意しない。彼らにとって「道徳」は自明でもなければ、一般化可能でもないのである (pp.5–7)。

とはいえ、現代社会において、たとえば、人種差別、性差別、障害者差別は道徳的に許容されない。実態として差別は依然として残存しているし、国家がそれを黙認しているような場合もある。しかし、おそらく多くの人が、人種や性別、また性的指向や障害の有無によって差別することを道徳的に正しくないと考えるはずだ（p.8）。

ここまで見てきた限りでも、おそらく多くの人が道徳的地位に関して次の二点を共有できると思う。一つは、道徳的地位のようなものがあるという点。もう一つは、道徳的地位を持つ存在と持たない存在がありそうだという点である（p.9）。もしこの二点を共有できるとすれば、「道徳的地位」の理解に向けた第一ステップはクリアできている。

道徳的地位の概念を用いる目的は、私たち道徳的行為者（自分の行為に責任を負える人）が道徳的義務を負うべき存在者とそうでない存在者を区別するためである。というと、道徳的地位の有無さえ明らかになれば、すべてが解決されるような誤解を与えてしまうかもしれないが、もちろんそうではない。私たちがある存在者Xに対して負う道徳的義務は、私たちやある存在者Xを取り巻く他の要因、たとえば私たちが共同体で共有しているルールや法律、ある存在者Xとの個人的な関係性などにも影響されるのである（p.9）。

普遍性と個別性

次に、道徳的地位の概念が持つ重要な特徴を二つ確認しておくことにしよう。一つは普遍性、もう一つは個別性である。普遍性とは、もしある存在者Xに道徳的地位を付与するのであれば、Xが属す集団の構成員にも同じように道徳的地位を付与することになるというものである。つまり、ゴリラAが道徳的地位を持つのであれば、ゴリラ一般も同じように道徳的地位を持つということである。このときに注目すべきは、道端の石や7歳の子どもの例で見たように、知性や感情など、ゴリラが備えている（と思われる）特性である（pp.9–10）。

もう一つの個別性とは、「Dさんが道徳的地位を持つ」と主張する際、Dさんに対する道徳的義務を含意するということである。道徳的地位を持つDさんが道徳的に配慮されていない場面で不正を働かれているのは、他ならぬDさんだということだ。もっとも、Dさんが声を上げることができない場合、Dさんに代わって誰かが声を上げるということはあるだろう（p.10）。

また、あなたが長期休暇で旅行に出かけている間、友人に家の管理を任せるというような状況を想像してもらいたい。旅行から帰ってくると、その友人が家に置いてあった家具を断りなく売り払っていた。この場合、友人は家具に対して不正を働いているのではなく、家具を所有するあなたに対して不正を働いている。似たような状況として、あなたは旅行中、友人にペットのブタを預けたとする。旅行から帰ってくると、友人がそのブタを卸売業者に売り払っていた。この場合、友人はブタの飼い主であるあなたに対して不正を働いているのである。もちろん、ブタが道徳的地位を持つと考え、そのブタが売られた先で不当に扱われた場合、そのブタに対しても不正を働いていると言えるだろう（p.10）。

したがって、道徳的地位の概念は二つの機能を持つと言える。一つは、ある存在に対する道徳的義務、すなわち、最低限守るべき行為指針を示してくれるという点である。たとえば「人は道徳的地位を持つ」と言う場合、人を殺してはいけない、人を騙してはいけない、人を拷問してはいけない、といった行為指針が含意されている。もう一つは、道徳的地位が私たちに、周囲のものに対して道徳的にどうあるべきかという理想を提示してくれるという点である。つまり、「ある存在者Xが道徳的地位を持つ」という主張は、私たちがXに対して道徳的義務を負っていることを思い出させてくれるのである（pp.13–14）。

道徳的地位があいまいな存在者たち

ということは、誰が、また何が道徳的地位を持つと見なすかが極めて大事な作業になる。この作業が本章の目的だ（もっとも、この作業が一筋縄ではいかないことも読み進めていくと分かってもらえるだろう）。

古代ギリシャにおいて、女性、奴隷、未開人は（市民より格下であるということを除けば）確たる道徳的地位が与えられていなかった。今でこそ、性別の違いや人種の違いを理由に人を差別することは道徳的に許容されないと考えられている。しかし、現在、道徳的地位があいまいな存在者が実はたくさんいて、新たな倫理問題を投げかけている。本書で扱う、胚、動物、人為的に作られる生命体、さらにまだ生まれていない子や孫（未来世代）である。胚や動物などの道徳的地位に関しては、早くから（1970年代以降）盛んに議論されてきたが、今なお合意にいたっていない。それらの道徳的地位を問うことは、私たちが命をどこまで操作してよいのかを問うことにもつながるのだ。

本書では、この問題に向き合うため、人と動物のキメラ、人の胚、体外で作られる脳や胚、未来世代の道徳的地位を問題にする。先端科学技術をめぐる生命倫理の議論を各章で俯瞰するとき、道徳的地位の問題がいかに議論の一角を担ってきたかが明らかになるだろう。

ここからは、道徳的地位の有無が論じられる際の主要な基準――生命への畏敬、有感性、道徳的行為者性、関係性――を概観し、そのうえでどの基準をどう採用するのが望ましいかを示すことにしよう。

2 「生命への畏敬」に基づく見方

一つ目の基準は、「生命への畏敬（Reverence for Life）」である。これは、神学者・哲学者であり医師でもあるアルベルト・シュヴァイツァー（1875–1965）が主張した考え方である。この考え方は、生き物であるかどうかが唯一妥当な道徳的地位の基準であり、すべての生き物が同等の道徳的地位を持つ（反対に、生命体以外は道徳的地位を持たない）というものだ。一方、生き物であるかどうかは妥当な基準ではあるが、唯一妥当な基準ではないという考え方もありうる。ウォレンは前者を「生命のみを尊重する見方（Life Only View）」、後者を「生命のみに依拠しない見方（Life Plus View）」と呼んだ（pp.24–49）。

生命のみを尊重する見方

生命のみを尊重する見方を採れば、すべての生き物が同程度に道徳的配慮の対象になる。

ここで大事なのは二つの点だ。一つは、道徳的配慮の仕方が、単に生き物を殺したり、不当に扱ったりしないという消極的義務だけでなく、必要であればできる限りその生き物を守ったり、助けたりするという積極的義務も含むという点。もう一つは、道徳的配慮の対象が、人や動物だけでなく、微生物や植物、生態系にまで及ぶという点である（もっとも、生命をどう定義するかによってその射程は変わる[02]）。シュヴァイツァーは、生きている植物、動物、人の間で、価値に優劣をつけるべきではないと考えた。

このように言うと、もはや通常の生活さえ営めないと思う人もいるかもしれない。私たちは、普段から多くの動植物を殺している。たとえば、食卓に並ぶ野菜を栽培し、収穫するとき、意図して、または意図せずして虫や微生物を殺している。人が生きていくうえで、虫や微生物、動物など生き物を殺すことを避けることはできないのだ。この点はシュヴァイツァーも認める。ただ彼は、動植物など生き物を殺すことが道徳的に不正であると述べる一方で、それをしてはならないとは述べない。人間一人ひとりが生き物を殺す行為を道徳的に不正だと認識し、本当にその生き物を殺す必要があるのかを問い、またその行為の罪を自覚しなければならないと言うのである（pp.32–33）。

この生命のみを尊重する見方に対して、ウォレンは四つの反論を挙げる。

① 実証不可能性

シュヴァイツァーはすべての生き物が、また生き物だけが「生命への意志（will to live）」を持つ、つまりは生きようとすると考えたが[03]、これを実証することはできない。意志を持つ存在者は、通常、意識経験を持ち、その意識経験を生み出すのに必要となる脳の神経生理学的な構造を持つと考えられる。しかし、植物や微生物などがそうした構造を備えているとは言えない。もっとも、生命への意志に意識経験は必要ないという見方を採ることもできる。だがシュヴァイツァー自身が、すべての生き物は有感性（快楽や苦痛を感じる能力）を持つと言うのだ。もし生命への意志、意識経験、有感性が脳の神経生理学的な構造を前提するのであれば、シュヴァイツァーの主張を擁護するのは困難だろう（pp.34–37）。

② 望ましくない帰結

生命のみを尊重する見方を採ると、望ましくない帰結を導いてしまう。シュヴァイツァーが言うように、人の道徳的地位も微生物の道徳的地位も同等だとすると、普段から私たちは微生物を「大量殺戮」していることになる。もちろん、人を殺せば（大量殺戮でなくても）罪に問われるが、微生物の場合は罪に問われない。

これに対して、自己防衛の原則によって、日常生活で微生物を殺すことを正当化することも可能である。自己防衛の原則とは、危険で有害なもの（例：ハチ、ヘビ）から自己を守るためであれば、それを殺すことが許容されるというものだ。ただ問題は、たとえ自己防衛であっても、人を殺すことが正当化される場合があるとすれば、それは当人が回避できない、深刻な脅威に脅かされている場合に限定されるということである。もし人と微生物の道徳的地位が本当に同等であるなら、自己防衛として微生物を殺す場合も、人を殺す場合と同程度に限定的でなければならないだろう（pp.37–38）。

③ 実践的な行為指針の欠如

生命のみを尊重する見方では、生き物を殺すことがどのような場合に正当化されるのかについて実践的な行為指針を示せない。シュヴァイツァーによれば、生き物を殺すことは、それが人の生存や福利にとって必要な場合であっても常に不正である。一方で、どのような場合に本当に生き物を殺す必要があるのかについては個人の判断に委ねられる。

本当にすべての生き物を殺すことが同程度に不正であるなら、むしろ肝心なのは道徳的地位を明確にし、実践的な行為指針を示すことだろう。さもなければ、動物を研究に利用することを許容してよいのか、動物を食用に狩猟してよいのか、絶滅が危惧されている希少な動植物を他の動植物と比べてどう扱うべきなのか、人の胚を研究に利用することを許容してよいのか、妊娠中絶を犯罪として扱うべきなのか、などの問いに答えることはできない（pp.38–39）。

④ 罪の自覚では不十分

シュヴァイツァーは生き物を殺すことについて言い訳したり、正当化したりしない。彼は、生き物に危害を加えることが不正を働くことであり、その行為の罪を自覚すべきと考えた。しかし、もし人と微生物の道徳的地位が同等なのであれば、不正の深刻さは犠牲になった微生物の数に比例して増大すると言えるだろう。10万匹の微生物を殺したら、犠牲になった微生物の数に比例して不正の深刻さが増すはずだ。その場合、彼の言うように、各人が罪を自覚するだけで十分であるとはどうしても思えない（pp.39–41）。

生命のみに依拠しない見方

実のところシュヴァイツァーは、生命のみを尊重する見方を採った場合、前述のような受け入れがたい種々の帰結が導かれることを認識していた。そして、以下で見る穏当な見方、生命のみに依拠しない見方を採ることもできた（が、その見方を採らなかった）。

生きているかどうかは道徳的地位にとって妥当な基準ではあるが、それだけが唯一妥当な基準ではない。言い換えれば、生きているかどうかの基準は必要条件ではなく、十分条件だという見方である。これは、他に妥当な基準があれば、同じ生き物でも道徳的地位は変わりうるということを意味する。ここで前提とされているのは、生きているという事実は、ある存在者に「ある程度の道徳的地位」を付与する基準にはなるが、「完全な道徳的地位」を付与する基準にはならないということである。つまり、この見方では道徳的地位が程度問題として考えられている。たとえば、人のように有感性や道徳的行為者性を持つ生き物は、微生物のようにそれらを持たない生き物よりも高い（程度の）道徳的地位を持つ、というように。

生き物の価値に優劣はある、生き物の道徳的地位は変わりうるというこうした見方に対して、シュヴァイツァーは二つの反論を示す。一つは、それが人間中心主義的だというもの、もう一つは「滑り落ちる」というものである。そしてこれらこそ、シュヴァイツァーが生命のみを尊重する見方を固持した理由でもある。

前者の人間中心主義的だという反論は、人が人の立場で生き物の価値を規定すべきではないというものだ。私たちは一般的に、生物の進化の過程で生まれた形態や機能に照らして、ホモ・サピエンスの種に近い動物には（より高い）道徳的地位を付与するが、ホモ・サピエンスの種から遠い動物には（人と同等の）道徳的地位を付与しない傾向がある。種の違いを根拠に道徳的配慮の仕方を変えることが種差別として批判されるのは、最近では日本でも知られるようになっている【コラム1　種差別】。ホモ・サピエンスの種に近いかどうかではなく、有感性や道徳的行為者性など、特性に応じて道徳的地位を判断する方がより妥当だと言う者はいるだろう。

能力や特性に応じて価値を判断する場合、有感性や道徳的行為者性などを持つかどうかが重要になるため、人を過度に特別扱いすることはない。しかし、有感性や道徳的行為者性などの能力や特性の基準を採用すること自体が、人間中心主義、または人間の例外主義だという批判もある。現実的に私たちがすべての生き物を同等に扱えない以上、人間中心主義的な基準を導入して、生き物への配慮を考えることは避けられないとも言える（pp.41-44）。

後者の坂を滑り落ちるという反論は、生き物の価値に優劣を付け、低い価値の生き物を殺すことを認めてしまうと、高い価値の生き物を殺すことを認めることにつながるというものである。つまり、最初にある行為を倫理的に問題でない、または倫理的に望ましいとして認めてしまうと、いずれ倫理的に受け入れがたい行為を認めることになるので、最初の行為を禁止すべきだという議論だ。これは滑り坂論法と呼ばれるもので、しばしば倫理の議論で採用される。ただしこの滑りやすい坂に訴える議論は、論理的にも、心理的にもそのような帰結は生じないとして棄却されることが多い（滑り坂論法については本書第３章とコラム４で扱う）。

論理的にそのような帰結が生じないと考える人は、人の道徳的地位と微生物の道徳的地位を区別したからといって、いずれ人が微生物と同等の道徳的地位を持つようになると推論するのは妥当ではないと主張する。生き物の道徳的地位を考えるとき、有感性や道徳的行為者性などの基準も取りうるので、むしろ両者の道徳的地位は論理的に区別できると言うのだ。

一方、心理的にそのような帰結が生じないと考える人は、時として人が、自分と他者、また複数の他者間を比較し、値踏みする傾向があることを認める。だが同時に次のようにも考える。たとえば、人と微生物が同等の道徳的地位を持つと考えるような人は、人のことも微生物のように見なす傾向は強まるだろうが、すべての人が必ずそのように考えるわけではない。反対に、人と微生物の道徳的地位を明確に分けることさえできれば、消毒と称して細菌やウイルスなどの微生物を死滅させるような場合にも、その行為によって直ちに人を殺したり、危害を加えたりする傾向が強まることにはならないというわけだ（pp.44–45）。

以上のように生命のみに依拠しない見方を退けようとするシュヴァイツァーの反論は必ずしも説得力があるわけではない。そのため、生命のみに依拠しない見方を採用する方が、生命のみを尊重する見方を採用するよりも、私たちの直観に合致しているだろう。つまりこれは、理由なく生き物を殺したり、危害を加えたりすることに反対するという意味で、程度の差こそあれ、すべての生き物に対して道徳的義務を負うという見方なのだ。

3　「有感性」に基づく見方

快楽や苦痛を感じる能力、すなわち「有感性（sentience）」を持つすべての存在者を道徳的に配慮すべきである。また、有感性を持つ存在者に対して、不必要に苦痛を与えてはならない。これらの主張は一見してもっともである。以下ではこれらの主張を支持する二つの見方を確認する。一つは、有感性を持つかどうかが道徳的地位にとって唯一妥当な基準であり、有感性を持つすべての存在者は等しく道徳的に配慮されなければならないという見方。もう一つは、有感性を持つかどうかは道徳的地位にとって妥当な基準ではあるが、唯一の妥当な基準ではないという見方である。ウォレンは、前者を「有感性のみに依拠する見方（Sentience Only View）」、後者を「有感性のみに依拠しない見方（Sentience Plus View）」と呼ぶ（pp.50−89）。

カントとデカルト、カラザース――動物の道徳的地位を否定する見方

まずは、人以外の存在者に道徳的地位を付与しない立場を採る代表的な論者を三人確認しておこう。

まず、18世紀を代表する哲学者イマヌエル・カント（1724–1804）である。カントによれば、私たちは理性的に物事を判断し行為できる存在者、すなわち、道徳的行為者に対してのみ義務を負う。だとすると、人以外の動物は道徳的行為者にはなりえないので、私たちは動物に対して何の義務も負わないかと言えば、そうではない。私たちの動物への配慮が、私たち自身への配慮と関係するので、人が動物を不当に扱うのは避けるべきということになる。つまり、動物に対する共感を育むことは、人への配慮にも役立つというわけだ。逆に言えば、人が動物に対して負うのは間接的義務であり、たとえ動物を不当に扱ったとしてもそれによって人間性は損なわれないことになる。ここで明らかなのは、私たちの動物に関する義務が、動物それ自体の価値を前提していないという点である（pp.50−51）。

次に、「我思う、故に我あり（cogito ergo sum）」という有名な命題を残した哲学者ルネ・デカルト（1596–1650）である。『方法序説』の中でデカルトは、人と人以外の動物を分かつものを言葉、または理性と考えた。言葉を持たない、非理性的な動物は「自動機械（automata）」であり、動物は機械と同じように思考や感覚を持つことができないと言う（pp.57−58）[04]。

心の哲学や認知科学に関する業績でも有名な哲学者ピーター・カラザースは、契約主義の立場から動物が道徳的地位、ひいては権利を持たないと言う。カラザースによれば、道徳は「理性的行為者（rational agents）」の合意の上に構築されるため、その合意に先立って道徳は存在しない。つまり、契約主義の立場では、理性的行為者はすべての理性的行為者に同じ道徳的地位、同じ基本的権利を付与し、理性的行為者によって理性的行為者のために道徳が構築されるのである。ちなみに、契約主義者たちは、社会の安定と平和の維持のために、必ずしも理性的では

ない行為者（例：新生児や認知症の高齢者）、つまり、すべての人に同じ道徳的地位を付与すべきだと考える[05]。

カント、デカルト、カラザースの三人は共通して、有感性を持つかどうかは道徳的地位の妥当な基準にならないと考える。カントは動物を不当に扱うことを問題にするが、他方でそれが人間性を損なうほど問題だとは考えない。つまり、動物を不当に扱う人は、「完全義務」に違反しているわけではなく、せいぜい「不完全義務」（努力義務）を履行していないと考えられるのだ。デカルトにいたっては、人以外の存在者が有感性を持つとは考えない。

とはいえ、ある存在者が有感性を持つかどうかという点に関しては、私たち人が持つ四つの特徴――脳の神経生理学的な構造、苦痛を感じたときの行動、感覚器官および知覚能力を示す行動の有無、神経化学物質の有無――を見れば、ある程度は判断することができるだろう。動物のような言語を持たない存在者が有感性を持つことを実証的に示すのは（認識論的に）困難だが、もっともな根拠さえあれば、予防原則を採用し、人以外の動物も有感性を持つと仮定するのが妥当である【コラム2　予防原則】。

シンガーの有感性のみに依拠する見方

『動物の解放』（1975年）で有名な功利主義者のピーター・シンガーは、有感性を持つ全ての動物を等しく道徳的に配慮すべきだと主張した。シンガーは、ジェレミー・ベンサム（1748–1832;「功利主義（utilitarianism）」の創始者）やヘンリー・シジウィック（1838–1900; 1874年に出版された『倫理学の諸方法（*The Methods of Ethics*）』で高く評価）の影響を受け、しばらくは「選好功利主義（preference utilitarianism）」の立場を採っていた。しかし現在は、快楽主義的功利主義の立場に転向している[06]。

シンガーが有感性を考慮する理由とも関係するため、まずは功利主義に関して少し説明しておこう。そもそも功利主義とは、正しい行為とは最善の帰結を導く行為だとする帰結主義の一つである。代表的な功利主義者に、ベンサム、ジョン・スチュアート・ミル（1806–1873）、シジウィックなどがいる。古典的功利主義において、「功利（utility）」とは「幸福（happiness）」あるいは「快楽（pleasure）」を意味し、他方で苦痛・苦悩の不在を意味する。ここから、ミルは功利主義を次のように定義する。「行為はそれが幸福を増進させる傾向に比例して正しく、幸福と反対のことを生み出す傾向に比例して不正である」[07]。ミルは、快楽の質を低等な快楽（身体的なもの）と高等な快楽（知的なもの）に区別し、人は低等な快楽よりも高等な快楽を選好すると考えた（もちろん、すべての人が高等な快楽を選好するわけではなく、低等な快楽を選好する人も当然いるだろう）[08]。

古典的功利主義に対して、選好功利主義者たちは功利を選好の充足と考える。これにより、ある行為の正否は、快楽や苦痛の量や質の評定によってではなく、個々人の価値観による選好から導かれることになる。中には動物の快楽や苦痛を功利計算に含めない功利主義者もいるが、ベンサム、ミル、シジウィックは含めるべきだと考えた。つまり、有感性を持つ存在者の快楽や苦痛を平等に考慮することを要求するのである。

シンガーの打ち立てた平等原則

『実践の倫理』の中でシンガーは、ベンサムらの考え方を踏襲し、「利害に対する平等な配慮の原則」を打ち立てた。この原則は、人と人の関係だけでなく、人と人以外の動物の関係においても道徳的な判断の基準になるという[09]。

有感性を持つすべての存在者が、また有感性を持つ存在者のみが道徳的地位を持つというのがシンガーの主張である。彼は利害に対する平等な配慮の原則を打ち立て、それが有感性を持つ存在者に等しく適用されると言う。一般に、私たちが何かに利害を持つと言うとき、それに興味（関心）を持っている、それを意識的に欲求しているという意味が含まれる。そのため、人しか利害を持たないと言う哲学者もいれば[10]、生態系でさえ利害を持つと言う環境倫理学者もいる（pp.66–67）[11]。

ただし、哲学者のバーナード・ロリンが言うように、有感性を持つ存在者はさまざまなニーズを持ち、そのニーズが満たされたり、満たされなかったりするとき、それに意識を向けることができる。苦痛や快楽、不安や怒りは満たされないニーズを示す指標なのである。他方で、有感性を持たない存在者も何らかのニーズを持つかもしれない。しかし、たとえそれが満たされなかったとしてもそれに意識を向けることはない。有感性を持つ存在者と持たない存在者を分かつのは、自身に起こることに意識を向けられるかどうかなのである（p.67）[12]。

シンガーは有感性を持つ存在者の利害を平等に配慮することを求めたが、その存在者を平等に扱う必要があると考えたわけではない。実際に、「〈利益に対する平等な配慮〉とは、平等な取り扱いを命ずるのではないという意味において、平

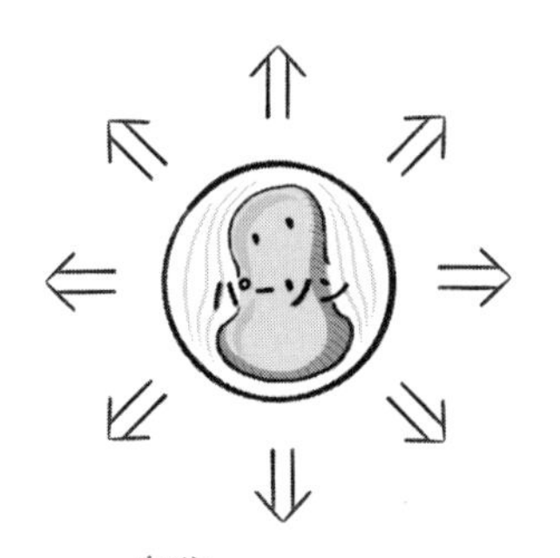

図２　人格（パーソン）は自己意識を持つ存在者を意味し、等しく完全な道徳的地位を持つ

等についての最小限の原理」だと述べている[13]。たとえば、有感性とともに自己意識を持つ存在者、すなわち、「人格（パーソン）」の生命は、有感性を持つが自己意識を持たない存在者の生命よりも価値が高い。なぜなら、人格だけが自身の将来を思い描き、意識的に生き続けることを欲求できるからである。

この人格には私たち人だけでなく、自己意識を持つと考えられる存在者（例：類人猿）が含まれる。他方で、それ以外の動物（例：マウス、ブタ）は自己意識を持たないため、人格ではない。ここで大事なのは、シンガーにとって、自己意識を持つかどうかを基準に有感性を持つ存在者間の配慮を変えたとしても、それは種差別と見なされない点、また有感性を持つ存在者を殺すことそれ自体が不正でなくなるわけではない点である（p.69）[14]。

シンガーは、動物を殺すことが常に不正であるとも考えない。人格の利害は、人格ではない存在者の利害に勝るからである。とはいえ、動物を殺すことが常に不正ではないとしても、人はベジタリアン（菜食主義者）になるべきだというのは彼の有名な主張の一つである。私たちは一般に、栄養を摂取するために、またはおいしいからという理由で肉を食べている。シンガーの考えでは、動物の肉を食べてはいけないわけではないが、肉を食べなくても必要な栄養を摂取することはできるため、味の好み（人の利害）は動物が被る苦痛（動物の利害）を正当化しないのだ。

また、動物の研究利用に対しても全面的に反対という立場は採らないが、動物に不必要に苦痛や苦悩を与えない方法を取るべきだと主張する。もし自己意識がないからといって動物を研究対象とするなら、（有感性を持つが自己意識を持たない）新生児や植物状態の人も研究対象としなければ、種を根拠に動物を不当に差別していることになると言うのだ（pp.69–71）[15]。

こうしたシンガーによる有感性のみに依拠する見方に対しては、主に四つの反論がある。

① 環境倫理学者からの反論

シンガーの見方を採用した場合、当然ながら有感性を持たない存在者への配慮に欠く。たとえば、生態系への配慮を訴えるディープ・エコロジストたちは、動植物や人類はすべて道徳的地位を持つと言う（「ディープ・エコロジー」とは、1973年にノルウェーの哲学者アルネ・ネス［1912–2009］が提唱した概念のこと）[16]。『野生のうたが聞こえる』がベストセラーとなった環境保護主義者アルド・レオポルド（1887–1948）は、生物共同体の一員である人が、同じ共同体の一員である存在者、すなわち土壌や水、動植物に対して道徳的義務を負うとする「土地倫理（land ethics）」を提唱した[17]。レオポルドの土地倫理によれば、構成員の道徳的地位は、生態系における他の構成員との関係性によって決まる。たとえば、絶滅が危惧される動植物は、他の動植物に比べてより配慮が必要になる。現代の代表的な環境倫理学者で、レオポルドの土地倫理を擁護したジョン・ベアード・キャリコットも、有感性を持たない生物共同体の一員に対して道徳的義務を負うと考える[18]。レオポルドやキャリコットにとって、有感性のみを道徳的地位の判断基準にすることはそもそも妥当ではないというわけだ（pp.71–74）。

② ケアの倫理、ヒューム倫理学からの反論

私たちの道徳的義務は直観や感情を抜きにして考えられず、動物と新生児への配慮を同一視するのは直観的にも感情的にも受け入れられない。これはフェミニスト倫理学、特にケアの倫理を主張する哲学者や、哲学者デイヴィッド・ヒュームの系譜にある倫理学からの反論である（pp.74–77）。たとえば、道徳理論としてケアの倫理を体系化した哲学者ネル・ノディングズは、「自然な思いやり（natural caring）」が道徳的心情の源泉だと考えた。この自然な思いやりの最たる例は、親が泣いている我が子をあやすというような状況である（この点については後でも説明する）。ここから、シンガーのように動物と新生児を同じ仕方で扱うことを否定し、両者を違う仕方で扱うべきだと主張する（ノディングズにとって動物への道徳的配慮は普遍的なものではない）[19]。これはヒュームの倫理学にも共通する点である。少なくとも、人が持っている相手を思いやる能力は対人関係の中で発達するため、私たちが自らの属する共同体の構成員を特別に配慮しているという事実を説明できるというわけだ[20]。いずれの見方でも、直観や感情を抜きにした道徳判断は妥当ではない。

③ 人権に基づく反論

存在者全体の幸福の促進を、人間一人ひとりの道徳的権利よりも優先してはならない。人、特に人格は道徳的権利を持つと考える論者からの反論である。功利主義では、人も動物も、功利の単なる「容れ物」と見なされる。そのため、ある行為によって大きな利害が生じるのであれば、多少の犠牲は許容される。つまり、一人を殺すことで五人が助かるなら、一人の犠牲は正当化されるというわけだ。これに対して功利主義批判を展開したことで知られる法哲学者・政治哲学者のロナルド・ドウォーキン（1931−2013）は、誰かが何かに対する権利を持つなら、たとえその権利を否定することが社会全体の利益につながるとしても、それを否定してはならないと主張する。道徳的権利や法的権利は、社会善を目的とする不当な危害から個人の利害を守る重要な機能を果たすのである（p.77）[21]。

シンガーはこれに対して、古典的功利主義と選好功利主義の違いを指摘することで応答する。確かに、古典的功利主義において有感性を持つ存在者は功利の容れ物と見なされうるが[22]、選好功利主義ではそのように見なされない。すでに述べたように、選好功利主義における功利とは選好の充足であり、ある行為の正否は、快楽や苦痛の量や質ではなく、個人の価値観による選好から導かれる。そのため選好功利主義において人格を殺すことは、未来への欲求（生き続けたいという欲求）など、人格が持つ多くの利害に反する行為になる[23]。したがって、古典的功利主義では功利計算の結果、全体の利害のために殺人を正当化することがあったとしても、選好功利主義では人格の利害を考慮し、そのような帰結を導かないのだ。これに対して、大勢の選好（の充足）は、結局のところ個人の選好（の充足）に優先されてしまうと批判的に見る論者もいる（pp.77−78）[24]。

④ 利害を等しく扱うことのジレンマ

有感性を持つ存在者の利害を等しく配慮するという立場を採る場合、「利害を等しく扱うことのジレンマ」に陥ってしまう。シンガーの考えでは、有感性と自己意識を持つ存在者Aにとっての苦痛を回避する利害と、自己意識を持たないが、有感性を持つ存在者Bにとっての苦痛を回避する利害は等しいので、理由なくAの利害のみを配慮し、Bの利害を配慮しないという判断は正しくない。AとBへの配慮に違いがあるとすれば、それは自己意識を持つAの利害が、自己意識を持たないBの利害に勝る場合だ。この意味で、利害には大小、優劣がある。

ここから、Bを殺すことがAにとっての利益になる場合、Bを殺すことは正当化されることがある。たとえば、人が野菜の栽培のために田畑を耕せば、土壌に生息する多くの虫や微生物を殺すことになるが、それによって得られる野菜の収穫は虫や微生物の犠牲を十分に正当化できるだろう（歯磨きによって口腔内の虫歯菌を殺すのも同様だ）。しかし、有感性を持つ存在者の利害が真に等しい重みを持つのであれば、人の利害と虫や微生物の利害を調停できないというジレンマに陥る（pp.78–84）。

ここまで見てきたように、有感性の有無を道徳的地位の基準に設定することには一理ある。しかし、それが完全な道徳的地位にとっての必要十分条件と言えないのであれば、有感性のみに依拠する見方を支持することはできないだろう。

有感性と自己意識に依拠する見方

こうした有感性のみに依拠する見方に対する反論を回避するために、有感性のみに依拠しない見方が提示される。それは、有感性を持つことがある程度の道徳的地位にとって十分条件だが必要条件ではない、または完全な道徳的地位にとって十分条件ではないと主張する。

有感性を持つ存在者にとって、苦痛それ自体が悪く、他方で快楽それ自体が善い。言い換えれば、前者は負の「内在的価値（intrinsic value）」を持つのに対して、後者は正の内在的価値を持つ。これにより、理由なく有感性を持つ存在者を殺したり、危害を加えたりすることは**その動物に対して**不正を働いていることになるのだ。これは有感性を持つすべての存在者を平等に扱うべきだということではない。問題は、有感性と自己意識を持つ存在者（人格）の利害が、有感性のみを持つ存在者である動物を殺したり、危害を加えたりすることを正当化するかどうかである（ただし、動物の研究利用が正当化される場合にも、常識的に考えれば、麻酔をかけ不必要な苦痛が生じないようにすべきだろう）（pp.84–85）。

前述した「利害を等しく扱うことのジレンマ」を回避するために、シンガーのいう平等原則を採用せず、有感性を持つ存在者に対して不必要な苦痛を生じさせることに反対する方法はある。有感性を持つが自己意識を持たない存在者と、有感性と自己意識を持つ存在者（人格）の道徳的地位を分けるというものである。

これによって私たちは、両者の利害を平等に配慮する必要はなくなる。たとえば、医学的に価値のある研究のためにマウスを利用することは正当化されるが、自分の快楽を満たすためにマウスを利用することは正当化されない。また、道を歩いていて虫を踏んでしまう行為も、それをしなければ人は日常生活を営むことができないため正当化される（pp.86–87）。シンガーの平等原則を採用すると、特に後者の事例において深刻なジレンマに陥ってしまうのだ。

有感性のみに依拠しない見方は、有感性のみに依拠する見方に比べて、私たちの直観にも常識にも合致しているように思われる。しかし、この分類では、有感性を持つすべての存在者を、人格かそうでないか、つまり自己意識を持つか持たないかで分類することになるが、それは適切ではない。なぜなら、道徳的地位を有感性や自己意識に依拠して判断する場合、それを程度差と見なす方が適切であるように思われるからだ。

功利主義者のレオナード・W・サムナーは、道徳的地位を程度差で分類するようなスライディング・スケール（内在的特性の程度が高いほど配慮に値するとの見方）を採用する。この見方を採用すれば、完全な道徳的地位を持つカテゴリー、ある程度の道徳的地位を持つカテゴリー、道徳的地位を全く持たないカテゴリーなどと分類する必要はなくなるし、そのカテゴリーの境界にいる異なる存在者を、片方はある程度の道徳的地位を持つカテゴリー、もう片方は道徳的地位を全く持たないカテゴリーと区別しなくてすむ。たとえばサムナーは、有感性を持つことが道徳的地位にとって必要十分条件であると考えるが、有感性と道徳的地位はいずれも程度問題だという立場を採る。人の道徳的地位はツバメの道徳的地位に勝るし、ツバメの道徳的地位はノミの道徳的地位に勝る。有感性の程度に比例して、有感性を持つ存在者を殺したり、危害を加えたりすることの正当化根拠が変わるというわけだ（pp.87–88）[25]。

道徳的地位を程度問題として捉えるスライディング・スケールは、「利害を等しく扱うことのジレンマ」と、道徳的地位の分類問題を回避することができる。しかし一方で、別の問題を提起することにもなる。それは、新生児や精神障害を抱える人に比べて、道徳的地位がより高い動物が存在することを認めることになるというものだ。有感性の程度に比例して道徳的地位が上がるという基準を採用すれば、当然、有感性の程度が低い人よりも、有感性の程度が高い動物をより道徳的に配慮しなければならない。これは私たちの直観や常識に大きく反するだろう。また、他の重要に見える要因、たとえば、ある動物が絶滅危惧種かどうかといった点も考慮することができない。スライディング・スケールを採用すると、絶滅危惧種かどうかにかかわらず、同程度の有感性を持つ存在は同程度に配慮しなければならないからだ（p.88）。

これらの課題を踏まえれば、道徳的地位を考えるうえで、社会的共同体における関係性や、生態系における関係性を考慮に入れる必要が生じるかもしれない。つまり、動物を殺したり、危害を加えたりすることの不正さを訴えつつ、新生児といった有感性の低い人を他の人と同等に配慮できるような基準が必要だということでもある（この点は第5節「関係性に基づく見方」で言及する）。

4 「道徳的行為者性」に基づく見方

人格（パーソン）と動物

道徳的行為者性（自分の行為に責任を負う能力）は、完全な道徳的地位にとって必要十分条件であると考える者は多い。たとえばカントは、理性的に物事を判断し、行為する能力や普遍的な道徳法則に従う能力を持つ道徳的行為者は、生命や自由に対する権利を含む、道徳的権利や法的権利を持つと考えた。他方、道徳的行為者性は完全な道徳的地位にとって必要条件ではなく、十分条件だと考える者もいる。ウォレンは、前者を「人格性を考慮する見方（Personhood Only View）」、後者を「人格性のみに依拠しない見方（Personhood Plus View）」と呼んだ。

この二つの見方を概観する前に、「人格性（personhood）」と道徳的地位の関係を簡単に見ておこう。すでに触れたが、生命倫理議論では一般的に、ある存在者が「person」（人格（パーソン））であると主張することは、その存在者が道徳的地位を持つことを含意する。哲学者のマイケル・トゥーリーが述べるように、「Xは人格である」と言うことは、「Xは生命に対する（重大な）道徳的権利を持つ」と言うことと同義である[26]。この意味で、人格は純粋に道徳的な意味を持つ概念である（人格が道徳的地位を持つわけではないと考える哲学者でさえ、「person」という用語が成人を指すと認識しているとトゥーリーは言う）[27]。こうした人格が持つ含意こそ、動物の権利を訴える者が人格性を基準にすることに反対する理由でもある。人格性は人であることを前提しているという批判だ（pp.91–92）。

17世紀後半に活躍した哲学者ジョン・ロック（1632–1704）は人格を、「思考す

図３　人格であるかどうかは内在的特性（知性や理性、自己意識など）によって決定される

る知的な存在者であり、理性や反省力を持ち、自分を自分である、すなわち、異なる時と場所において同一の思考をする物体であると見なすことができる」と定義する[28]。この定義では、ある存在者が人格であるために重要なのは、生物学的に人であることではなく、知性、思考力、理性、反省力、自己意識といった内在的特性を持ち合わせていることである。つまり、人格性の基準は、種に中立的だということになる。これは、人ではない人格がいる可能性、また人格でない人がいる可能性を示している（pp.94–95）。

人格性が道徳的地位にとって必要十分条件だと主張した代表的な論者は、カントと動物の権利論を提唱した哲学者トム・レーガン（1938–2017）である。他方で、人格になる潜在性を完全な道徳的地位にとっての十分条件だと主張した論者に、『正義論』の著者として有名な法哲学者のジョン・ロールズ（1921–2002）がいる。まずはカントの主張から見ていこう。

理性のみに依拠するカントの見方

カントの主張を理解するためにも、彼のいう「〜せよ」という無条件の命令文、すなわち、「定言命法（Categorical Imperative）」の二つの定式——普遍的法則の定式と人間性の定式——を確認しておきたい。カントは、理性のみに依拠して道徳法則を導こうとした。これは「すべての宣言において真実であることは、神聖な、無条件の理性命令であり、いかなる便宜上の理由によっても制限されるものではない」という表現に端的に示されている[29]。そして、理性的行為者である人が導く格率（個人の行動原則）が普遍的法則になりえるかを問題にする。これが定言命法の第一定式と呼ばれる普遍的法則の定式（「汝の格率が普遍的法則となることを汝が同時にその格率によって意志しうる場合にのみ、その格率に従って行為せよ」[30]）である。

たとえば、カントは嘘をついてはならないと言う。嘘をつくという格率が普遍的になれば、誰もその嘘を信じなくなり、嘘そのものが成立しないことになる。嘘の格率が自己矛盾をきたすため、この格率は普遍的法則になりえない。したがって、嘘をつくという行為は常に道徳的に不正ということになる。

定言命法の第二定式は、「汝の人格の中にも他のすべての人の人格の中にもある人間性を、汝がいつでも同時に目的として用い、決して単に手段としてのみ用いない、というようなふうに行為せよ」というものである[31]。「目的として用い(る)」とは、尊厳を持つ者として扱うことであり、より具体的には、人格を備える人の自律性を尊重したり、利害を重要と見なしたりすることである。カントにとって、人格を単なる手段としてのみ扱わないことは「完全義務」（それをしなければ、その人格が持つ権利を侵害したことになり、不正と見なされる義務）に該当する。他方、善行をしない人や自己を陶冶（とうや）しない人（自身の能力や考え方を理想的な姿にまで高めない）は、自己や他者を単なる手段として扱っているわけではないものの、自己や他者の人間性を促進しているとは言えない（ましてや人間性とも調和していない）。このような場合、「不完全義務」に反していることになる。

以上の点を道徳的地位の議論に関連づけると、カントの主張の強みは、人格に対して強力な道徳的地位を付与できる点だと言うことができる。つまりカントは、功利の最大化を目指す功利主義とは違い、個人（とはいえ、理性的行為者、厳密には自分自身で法則を立て、その法則に従うことのできる人で、カントのいう「意志の自律」を持つことのできる人のこと）の道徳的権利を絶対的に尊重することを要求する。しかし、もし理性的行為者のみを、目的として、すなわち、尊厳を持つ者として扱うのであれば、それ以外の人は目的として扱われないし、そうした人は完全な道徳的権利を持たないことになる。

実際にカントは、理性的行為者のみに完全な道徳的地位を付与する。カント自身は想定していないものの、動物に限らず、重度の精神障害を抱える人も格率に従って行為できないため、完全な道徳的地位を持たないことになる。生来的に物事を理性的に判断し、行為できないような人、また後天的にそうした判断能力を失った人も同様だ。さらに、私たちは動物に対して間接的義務しか負わないように（動物それ自体に対して義務を負わない）、新生児、幼い子ども、重度の精神障害を抱える人などに対しても同様の義務しか負わないことになるだろう。理性的行為者に対する残虐な行為は人間性を損なうものであるのに対し、そうではない存在者はそもそも道具的価値しか持たないことになってしまう（pp.96–101）。

むろん、この考え方は望ましくない帰結を生んでしまう。たとえば、（理性的行為者でない）重度の精神障害を抱える人を虐待することは、その人にとって悪いのであり、その人に対して不正を働いている、と多くの人は考えるだろう。ところが、カントの論理に従えば、重度の精神障害を抱える人を虐待することは虐待する側の人間性を促進しないという意味で、不完全義務に反しているとしか主張できない。これは重大な人権侵害となる[32]。なぜなら、理性的行為者を人格と見なし、人格かどうかで道徳的配慮を決定するのであれば、そうした能力を持たない多くの人を過小評価し、ひいては人権を認めないことにつながるからだ（p.102）。

ロールズの潜在性議論

このような望ましくない帰結を回避するためには、人格性の要件を修正するのが一つの解決策になる。たとえば、ロールズは『正義論』の中で、自分の目的を持ち、正義感覚を持つことのできる理性的な存在者を「人格」と定義する[33]。ここで大事なのは、ロールズが理性や正義感覚を持つ存在者に幅を持たせていることだ。彼はカントと違い、人格であるために洗練された理性は必要ではなく、ある程度の理性や正義感覚を持ち合わせているだけでよいと考えた。さらには、理性や正義感覚などの特性を持つ可能性のある存在者さえも同様に人格と見なす（pp.104–105）[34]。これを潜在性議論という。

ロールズの潜在性議論（潜在的な人格も人格と見なす）に対しては、線引きが難しくなるという批判もある。ロールズの人格理解では、新生児や物心つかない子どもなど、生きている人と同等の配慮が必要だと私たちが一般的に考えている存在者を人格と見なせる利点がある一方で、胚や胎児など適切な環境にあれば人格に成長する可能性のある存在者や、個人の目的や正義感覚を発達させる潜在性さえない人をどう扱ってよいのかが判然としない。ロールズも道徳的地位が厄介な問題であることは認識しており、人格性は道徳的権利を持つことの必要条件ではなく十分条件であると考えていた（p.105）[35]。

道徳的行為者になる潜在性を完全な道徳的地位にとっての十分条件と見なすロールズの立場を採れば、潜在的な人格への道徳的義務を説明できる利点がある一方で、どこまでを潜在的な人格に含めるかについて追加の説明が必要になる。

レーガンと「生命の主体」

レーガンはこの点に応答する見方を提示する。彼が導入するのは、「生命の主体（subjects-of-a-life）」基準である。これは、人であるかどうかにかかわらず、生命の主体であるすべての存在者が道徳的権利を持つという考え方である。

レーガンは、意識経験やある種の精神能力、行為能力を持つ存在者のことを生命の主体と呼ぶ。彼のいう能力には、信念や欲求、知覚や記憶する能力、未来の感覚、快楽や苦痛を感じる能力、選好や福祉に関する利害、目標に向かって行動する能力、一定期間にわたる自己の同一性、他人にとっての功利や利害とは論理的に独立する個人の福祉が含まれる。また、こうした能力をすべて持つ必要はなく、そのいずれかを持つだけでよい。そのため、生命の主体は道徳的行為者である必要はなく、1歳以上の精神的に正常な哺乳動物であれば道徳的地位を付与するのに十分な精神能力を持つと言う（pp.106–109）[36]。

レーガンは、道徳的行為者ではない生命の主体のことを「道徳的受動者（moral patient）」と呼び[37]、生命の主体性を持つことが道徳的地位にとって必要十分条件と考えた。したがって、道徳的行為者ではない生命の主体（道徳的受動者）は、道徳的行為者と同様に、「内在的価値（inherent value）」（それ自体の価値）と道徳的権利を持つことになる。つまり私たちは、新生児や物心つかない子ども、さらに精神障害を抱えている人など、生命の主体（道徳的受動者）に対して道徳的義務を負うが、同様に動物のような生命の主体（道徳的受動者）に対しても同等の道徳的義務を負うというわけだ[38]。レーガンの見方では、食用や研究利用のために動物を殺したり、危害を加えたりすることは道徳的に認められず、完全に廃止しなければならない。生命の主体である存在者には等しい配慮が必要になるので、人に対してできない行為は当然、動物に対してもすべきではないのだ（pp.109–111）。

こうしたレーガンの主張に対しては、四つの反論がある。

① 自然界の捕食に基づく反論

レーガンの見方を採用すると、自然界で生じる捕食に対しても私たちが干渉しなければならなくなってしまう。私たちは通常、人は道徳的権利を持つと考えている。目の前で誰かに危害を加えようとしている人がいれば止めなければならないし、反対に危害を加えられそうな人がいれば守らなければならない、その人を守る道徳的義務があると思うはずだ。レーガンの立場では、ハイエナのような捕食者が動物を捕食することを止めたり、捕食されそうな動物を守ったりする道徳的義務が生じてしまう。ハイエナと人の道徳的権利が同じであるなら、ハイエナが不正を働く（捕食する）のを止めなければならないというわけだ（pp.111–114）。

これに対してレーガンは、人以外の捕食者は道徳的行為者ではないので、その捕食する動物は捕食される動物が持つ権利を侵害していることにはならないと言う[39]。しかし、この主張は適切ではない。なぜなら、道徳的行為者でない人が他の人を傷つけたり、動物を痛めつけたりしようとしたら普通は止めるからだ。善悪の判断がつかない子どもが猫を虐待していたら止めるようにである[40]。このとき、道徳的受動者だから（道徳的行為者でないから）といって不正を見過ごすことはないだろう（pp.112–113）。

そのため、レーガンの言うように動物の権利を認めるのであれば、捕食を防ぐ一応の義務を持つと考えるのが適当かもしれない（一応の義務［*prima facie* duty］とは、義務には相対的な価値があるという前提で、複数の義務が衝突する場合、より強い義務に従うというもの）。もっとも、自然界の捕食をすべて防ぐべきというわけではなく、捕食として殺す場合は認められるが、それ以外は認められないと考えることもできる。たとえば、猫は捕食を目的とせず鳥や小動物を殺すことがあるが、これは認められないとなる。同様に、環境主義者たちも自然界の捕食を広く認める。なぜなら、捕食を否定することは、むしろこの世界を否定することにもなるからだ（pp.113–114）[41]。

② 種や生態系の保護

生命の主体性の基準では、動物の種や生態系が生命の主体とは見なされないため、動物種の保護や生態系の保全を支持する人たちと動物の権利を主張する人たちの間で溝が埋まらない。環境保護や環境保全に取り組む人たちは、時として動物を駆除することを正当化する。たとえば、絶滅危惧種の在来種を守るために、もともとその生態系にいなかった外来生物や害虫害獣を駆除する（殺さないまでも他の土地に放つ）というような場合である。これに対して、動物の権利を主張する人たちは外来生物や害虫害獣の駆除に反対し、そうした動物や虫を野放しにしておくよう主張する[42]。しかし、いったん絶滅すれば元には戻らないので、常識的に考えれば、他に選択肢がないのであれば絶滅危惧種を守るために外来生物や害虫害獣を駆除することは正当化されるだろう（pp.114–115）。

③ 常識的な見方との対立

レーガンの支持する見方は、生命のみを尊重する見方や有感性のみを配慮する見方と同様、人の福利（ウェルビーイング）を損ないかねない。たとえば、生命の主体であるマウスが、人と同じ道徳的権利を持つなら、現在、私たちが扱っているような仕方でマウスを扱うことは許されない。たとえば、家から駆除したり、研究のために利用したりするようなマウスの扱いである。中には、動物と人の道徳的権利は同じであっても、その動物が人に危害を及ぼすような場合は、自己防衛としてその動物を殺すことが正当化されると考える者もいるかもしれない（p.117）。しかし、前述したように、私たちが自己防衛として人を殺すことが正当化される場合は極めて限定的である。

現代アメリカの生命倫理学者ボニー・スタインボックが言うように、家にネズミがいたら家の外に出そうとするだろう（それがネズミにとっては実質的に死刑宣告になるとしてもである）。それは人とネズミが同じ地位や権利を持つと考えていないからにほかならない[43]。つまり、人の福利を損なう判断は、現実的に多くの人に受け入れられそうにないということでもある（pp.116–118）。

④ 線引きの困難さ

レーガンは、生命の主体である動物とそうでない動物を明確に線引きできると考える（ただし実際に線引きはしていない）が、この線引きが実際のところ難しい。人であってもさまざまな能力を生まれ持っているわけでもなければ、ある瞬間に獲得するわけでもない。さまざまな能力を後天的に獲得していく。そのため、現実的に、生命の主体である新生児とそうでない新生児を分ける客観的な指標は見つかりそうもない。

同様に、さまざまな動物（魚類、鳥類、哺乳類、霊長類など）が持つと思われる生命の主体性も、またその主体性を構成する意識経験、精神能力、行為能力も程度問題だと考えるのが妥当だろう。そして、生命の主体性を根拠に動物の権利を主張する論者たちも、主体性の有無を客観的に分類できないため、生命の主体を不当に扱ってしまうなど、ときに道徳的に正しくない判断を下す場合が出てくるかもしれない（pp.118-119）。

以上の通り、人格性のみに依拠する見方では、人格性の基準として採用される能力が、カントのいう理性であれ、レーガンのいう生命の主体性であれ、常識的に受け入れがたい帰結を導いてしまう。前者に関しては、理性を持たない新生児や精神障害を抱えている一部の人が完全な道徳的地位を持たないと見なすことになるため排他的すぎるし、後者に関しては、人以外のさまざまな動物が人と同等の完全な道徳的地位を持つと見なすことになるため包括的すぎる[44]。このことは、理性を持つ存在者だけでなく、新生児や重度の精神障害を抱えている人も持っていて、人以外の動物が持たないような唯一の能力、または複数の能力はなさそうだということを示している。

人格性のみに依拠しない見方

それでは、人格性のみに依拠しない見方を採用するとどうなるだろうか。生命の主体であるかどうかは、完全な道徳的地位にとって必要条件でも十分条件でもないことになる。これは生命の主体であってもなくても、完全な道徳的地位にとっては重要ではないということを意味している。もちろんこれは、生命の主体がある程度の道徳的地位を持つことを否定するものではない。たとえば、有感性を持つ動物に対しては、動物の欲求に即した適切な環境を提供したり、動物が被る苦痛や苦悩を防いだりするような道徳的な配慮が必要になる（pp.119–121）。

他方で、道徳的行為者であるかどうかは、完全な道徳的地位にとって、必要条件ではなくとも、十分条件にはなるかもしれない。実際、カントが言うように、理性的な存在者が生命や自由に対する道徳的権利を持つという見方も一見すると理にかなっている。しかし、道徳的行為者だけが完全な道徳的地位を持つという主張の不適切さは、人がいかにして道徳的行為者になるかを考えれば分かる。私たちは、親や教師といった道徳的行為者に育てられ、長い年月をかけて道徳的行為者になる。したがって、成長段階の人、すなわち、道徳的行為者ではないが、有感性を持つ人が完全な道徳的地位を持たないとすることは常識に反するし、感情的に許しがたい部分もある（pp.119–121）。

こうした点を踏まえれば、道徳的行為者性を持たない人にも道徳的地位を付与する別の見方が必要になると言える。次のセクションで見る関係的特性（周囲との関係性に依存する特性）を考慮することは、私たちの直観や常識に合致する道徳的地位の基準を導入することにつながる。

5 「関係性」に基づく見方

これまで論じた道徳的地位の基準では、ある能力や特性がある程度の道徳的地位や完全な道徳的地位にとって必要条件や十分条件（または必要十分条件）であるという点、また道徳的地位の単一基準として採用されている能力や特性は内在的な特性（ある存在者に備わる特性）であるという点が前提になっていた。前者に関しては、生命（生きていること）、有感性、道徳的行為者性という基準がそれぞれ一理あるように思われるものの、いずれか一つを道徳的地位の単一基準として採用するのは難しい。後者に関しては、いずれの道徳的地位の基準も、自分の家族や友人であるとか、生態系にとって価値があるといった、関係性を特別に配慮することができない。しかし、私たちは日常的な道徳判断において、そのような関係性を確かに重要だと見なしているのである。

道徳的地位を論じるうえで、人、動物、自然環境との関係性に着目する論者たちは、内在的特性とは別に関係的特性に依拠することで、ある存在者への道徳的義務を語ろうとする。代表的な論者はジョン・ベアード・キャリコットとネル・ノディングズである。ウォレンは、彼らの関係的特性に依拠する道徳的地位の基準を、「関係性のみに依拠する見方（Relationships Only View）」と呼び、関係的特性に加えて内在的特性に依拠する道徳的地位の基準を、「関係性にのみ依拠しない見方（Relationships Plus View）」と呼ぶ（pp.122−147）。

土地倫理からキャリコットの生物社会理論へ

アルド・レオポルドの土地倫理を擁護するキャリコットは生物社会理論を提唱した。生物社会理論とは、生物的関係性と社会的関係性の両方から道徳的義務を導き出す、包括的な道徳理論をいう[45]。

キャリコットによれば、レオポルドの土地倫理の基盤はヒュームの倫理学とイギリスの科学者チャールズ・ダーウィン（1809−1882）の進化論にあるという。道徳的心情の源泉は理性ではなく感情だとするヒュームは、理性なくしては、そうした感情が男女、家族、親しい友人の間の愛情や思いやりに限定されてしまうと考えた。そこで、道徳の範囲を拡張し、社会を形成するためには理性の働きによって正義を打ち立て、感情の働きを調整する必要があると主張した[46]。ダーウィンもまた、道徳の基礎には本能的な感情があると考えた。ダーウィンは自然淘汰による生物の進化を主張したことで知られているが、私たちの祖先が道徳を可能にする協調的な社会的本能を持つに至った理由を進化論的に説明するのである。

こうした道徳の心理学的基盤に関するヒュームとダーウィンの道徳観に加えて、レオポルドは森林官としての経験にも根ざしながら、人が生態系の一部であると強く認識するようになる。レオポルドにとって土地倫理とは、人が生物共同体の構成員であるという事実を前提にするのであり、「土地」とは、土壌、水、植物、動物、人を総称する概念である（pp.124–125）[47]。

こうした土地倫理の基盤からも明らかなように、土地倫理の考え方は功利主義やカント倫理学に代表される「義務論（deontology）」（行為の正否は、行為が義務に適うかどうかで決まるとする立場）と異なる。これまで見てきたように、功利主義や義務論における道徳的地位を付与する根拠が個人主義的であったのに対して、土地倫理は全体論的である。功利主義や義務論は内在的特性（例：有感性や道徳的行為者性）を根拠に倫理を構想するのに対して、土地倫理はそうした内在的特性ではなく、「生物共同体（biotic community）」を根拠に倫理を構想する。前者は絶対的な価値を導くのに対して、後者は相対的な価値を導くとも言える。つまり、私たちが互いにどう振る舞わなければならないかは、生物共同体との関係性や生物共同体にとって益（や害）があるかどうかによって決まる。たとえば、生態系にとって有害な動物は排除しなければならないし、生態系にとって重要な役割を果たしている動物（例：ミツバチ）は、より複雑な心理を持つとされる動物（例：ウサギ）に比べて大きな道徳的な配慮が必要になることもあるということだ（pp.125–127）。

哲学者のメアリー・ミジリー（1919–2018）は、歴史上、社会的共同体には人だけでなく家畜動物（例：ウシ、ニワトリ、ブタ）も含まれており、そうした動物はその役割ゆえに他の動物とは違う道徳的地位が付与されてきたことを指摘する[48]。彼女は生物共同体と社会共同体が重なる部分を「複合共同体（mixed community）」という概念で表現した。社会的共同体と生物共同体のいずれにも属す動物は、社会的共同体のみに属す動物の道徳的地位より高い。たとえば、家畜動物であるとともに愛玩動物でもあるイヌは社会的共同体に属しているのに対して、家畜動物ではない動物や野生のイヌは必ずしもそうではない。前者のイヌには場合によって人に近い、または人と同等の道徳的義務が生じるが、後者にはそうした道徳的義務が生じないというわけだ。キャリコットは、レオポルドの生物共同体の考え方に、ミジリーの複合共同体の考え方を融合させる形で、「生物社会理論」と呼ぶ道徳理論を提唱したのである。

この理論において、自身が属す共同体の中心にあるのは家族であり、親は子どもを養育し、愛情を注ぐ義務を負う。その一方で、同じ共同体における自分の子ども以外にそうした義務を負う必要はない。つまり、自分の子どもと複数の見知らぬ子どもを助けなければならないとすれば、親密な関係性にある自分の子どもへの義務を優先することになる。また、自国民に対して負う義務を他国の国民に対して負う必要はないし、人類に対して負う義務を動物に負う必要もない。このように生物社会理論において義務が対立した場合には、円の中心により近い、親密な存在者への義務が優先される。道徳的義務は入れ子状態になっており、円の中心に近づけば近づくほど義務が強くなる。言い換えれば道徳的義務には相対的な重みがあるというわけだ（pp.129–130）[49]。

キャリコットは、食用のために動物を狩猟することが常に倫理的に問題だとは考えない。社会的共同体に属さない野生動物は生物共同体の一部であり、生態系にとって害でなければ食用に動物を狩猟することは許容される。つまり、生物社会理論は私たちがベジタリアンになることを要求しないのだ。しかし一方で、キャリコットも、そしてミジリーも、工場畜産（動物が自然な行動をほとんど取れないほど過酷な条件で飼育する行為）は道徳的に不正だと言う。これは、動物に対して苦痛を引き起こしているというのもあるが、家畜動物を複合共同体の一員としてではなく、無生物のように扱うことが問題なのである（p.130）[50]。

キャリコットの主張には、三つの強みがある。第一に、さまざまな存在者（動植物を含むすべての種、川、海、山などの自然環境）に対して道徳的義務を負うことができるという点。これまで見てきた理論は内在的特性の有無で道徳的地位を判断するが、生物社会理論はそれとは違う仕方でさまざまな存在者の道徳的地位を示すことができる。第二に、道徳的行為者性を持たない重度の精神障害を抱えている人や新生児に対しても、社会的共同体の一員として道徳的地位を付与することができるという点。これは、道徳的行為者のみが完全な道徳的地位を持つという排他的な見方や、生命の主体が完全な道徳的地位を持つという包括的な見方よりも、私たちの常識に近いというのが利点である。第三に、シンガーやレーガンよりも実践的な道徳理論だという点。すでに見たように、彼らの理論では、有感性や生命の主体性の有無によって人や人以外の動植物の道徳的地位が決定された。

その結果、さまざまな望ましくない帰結が導かれる可能性があったが、生物社会理論では、社会的関係性や生物的関係性のみに依拠するため、時に人間や生態系の利害をそれ以外の存在者の利害以上に優先することを認めるのだ（pp.131–132）。

しかし、キャリコットの生物社会理論に対しても大きく分けて二つの反論がある。

① 道徳的義務の決定困難性

生物社会理論では同心円の中心に近づくほど道徳的義務が強くなる。家族が中心で、友人、人種や民族、複合共同体にいる家畜動物や、地域の生態系、生物共同体にいる野生動物、地球上の生物圏といった順に円は広がっていく。しかし、こうした同心円内のグループの順番、言い換えれば道徳的義務の序列は、共同体の関係性によって変わりうる。ミジリーが指摘するように、目的次第でその都度、どのグループに対してより強い道徳的義務を負うのかが変わるのだ。そのため、関係性に依拠した考え方は（キャリコットの意に反して）機能しないように思われる[51]。仮にある共同体で同心円内のグループの順番に関して合意が得られたとしても、別の共同体で合意が得られるとは限らないからだ。またキャリコットは、家族が円の中心だと言う一方で、すべての人の基本的な道徳的権利を尊重すべきだとも言う。しかし、家族に対するより強力な道徳的義務に従い、見知らぬ人を殺めてしまった場合、その不正さを正当化してしまう可能性もある（pp.133–134）。

② 害虫害獣との関係

生物社会理論では、社会的共同体に属さず、生態系に有害な影響を及ぼす虫や動物に対して道徳的地位を認めず、生態系を保全するためにも害虫害獣を殺すことを厭わない。これについては倫理的に認められると考える人もいるだろう。しかしその場合も、人道的な方法でそうした動物を駆除できるのであれば、その方法を講じるべきだという人もいるにちがいない。生物社会理論は、たとえば、有感性を持つ存在者である動物に具体的にどのような道徳的配慮が必要になるのかを示してくれないのである（pp.136–137）。

これらの反論に対して、次に見るノディングズは一定の答えを示している。

ネル・ノディングズの思いやり（ケアリング）

図４　人が動物と特別な関係にある場合、その動物に対し道徳的義務が生じる

すべての道徳的義務は、理性ではなくむしろ感情に基づく関係性から生じる。『ケアリング』の中でノディングズは、これを「ケアリング（caring）」、思いやりと呼んだ[52]。私たち（「思いやる者［one-caring］」）は他者（「思いやられる者［cared-for］」）の感情やニーズを受け取り、そうしたニーズに応えることができる。ノディングズが「自然な思いやり」と呼ぶ、思いやりの典型的な事例は、母子関係における母が子をあやす行為である。他者への道徳的義務とは、この母子関係で成立する自然な思いやりを人間社会へ拡張することであるため、私たちはすべての人に対して潜在的には道徳的義務を負っていることになる。ノディングズは、思いやりの関係性（互恵性）の強度を同心円の比喩で説明するが、円の中心にはより親密な関係性、すなわち、母子関係があるというわけだ[53]。

こうした思いやりの関係が成立するのは、思いやられる者が思いやる者に対して適切に反応できるかどうかに依存する。とはいえ、母子関係がそうであるように、その関係性は必ずしも対称的で（ある必要）はない。子どもは、生得的に持っている他者のために行動しようとする衝動を、母子関係やさまざまな他者との思いやりの関係の中で発展させていくのである。そのため、私たちは見知らぬ人や遠い国で困っている人に対しても思いやりの態度で接することができる。自分自身や家族を窮地に追い込んでまで、そうした人を思いやる義務はないが、他者からの応答がある場合には、その応答に応えることを怠ってはならないのである（pp.137–140）[54]。

それでは、私たちは動物に対して（どのような）義務を負うのか。ノディングズのこの問いへの答えは明快だ。私たちに動物を思いやる普遍的な道徳的義務はない。動物との間に特別な関係性がある人は、当然だがその動物に対して道徳的義務を負うが、そのような関係性がない人はそうした義務を負わない（たとえば、飼いネコが自分の働きかけに応答してくれるような場合は、そこに思いやる者と思いやられる者

図５　母子関係に見られる「自然な思いやり」

の関係性がある)。動物への道徳的義務はあくまで個人的であり、動物の種類によっても変わるのである。ネコに深い愛情を示す人はおそらく、ペットのネコだけでなく、屋外の見知らぬネコにも愛情を示すだろう。しかしその人が、他の動物に対しても同じように愛情を示すとは限らない。たとえばネズミが家の中にいれば、ネコに示すような愛情は示さないだろうし、むしろ殺意さえ覚えるかもしれない。このように、動物に対する感情的な応答は人によってさまざまなのである。

しかしこれは、動物との間に特別な関係がなければ、その動物をどのように扱ってもよいことを意味しない。なぜなら、私たちが動物の痛みを感じる共感能力を持っているからだ。動物が苦しんでいれば何かしたいと思うのは当然の心情だし、動物の苦痛が取り除かれれば安心する。それゆえ、正当な理由なく動物に苦痛を与えない義務を負うと言えるのである（pp.140−142）[55]。

このようにノディングズは、個々人の感情を基に、動物に対する道徳的義務を負う人がいることを認める。その一方で、人に対する道徳的義務は基本的に、動物に対する道徳的義務に勝ると考えている。なぜなら、飼い主とペットの関係性を除いて、人と動物の間における思いやる者と思いやられる者との関係性は、人間同士の関係性には及ばないからである（もちろん、飼い主とペットの関係性は人間同士の関係性に等しい場合があることを否定できない）。こうしたノディングズのケアの倫理には二つの反論がある。

① 共感能力を持たない人への配慮の欠如

ノディングズのいう思いやりの関係性では、思いやる者と思いやられる者の共感能力が前提になっている。したがって、私たちは、他者を思いやる能力を持つ存在者（例：人）、または思いやりに対して適切に反応できる存在者（例：動物）の一部に対してのみ道徳的義務を負う。逆に言うと、思いやりの能力を持たない人、たとえば、将来的には能力を持つと思われるが、現在は能力を持たない存在者

（胚や胎児）、またそもそも何らかの理由で能力を持たない人に対してはそのような道徳的義務が生じないことになる。

思いやりの関係性から漏れてしまうとはいえ、この結論は受け入れがたいだろう。当のノディングズも、思いやりの能力を全く持たない存在者に対して全く何の義務も生じないと考えたわけではない。たとえ相手に思いやりの能力がなくても、思いやりを持つ私たちが思いやることを学ぶことができるし、それを学ばなければならない。したがって、私たちは思いやりの能力を持たない相手に対しても道徳的義務を負うのだ（pp.143–144）[56]。

② ルールや原則がないことの弊害

ノディングズは、倫理指針としてのルールや原則、また道徳判断の普遍性に否定的であった[57]。他者、動物、自然環境に対する道徳的義務は、個々人の心理的能力に依存していると考えるからだ。しかし、最低限のルールや原則がなければ不都合が生じる可能性がある。ノディングズによれば、他人のために行動しようとする衝動は生得的であるが、そう仮定してしまうと、何らかの理由で（ある特定の）他者を思いやる能力を欠いている人は、誰に対しても道徳的義務を負うことができないことになる。これに対して、そのような人たちが他者に対して負うべき義務が免除されると考えるのは適切ではないだろう。たとえ他者を思いやる能力を欠いた人であっても、ルールや原則を守ることが道徳的に要請されるからだ。その意味で、ルールや原則を設けることは倫理的な行為に関する最低限の基準を示すことになり、権利を設けることは弱者を保護する措置になるのである（pp.143–144）。

6　道徳的地位の七原則

ここまで見てきたように、道徳的地位の単一基準を採用した場合、私たちの直観や常識に合致しない帰結を生み出したり、実際の倫理問題を解決する際にさまざまな困難を生じさせたりすることが明らかになった。一方で、これまで見てきた内在的特性や関係的特性に依拠する道徳的地位の基準は、それぞれに一理あるのも事実である。ウォレンはこれら単一の基準を、道徳的地位を付与するための十分条件として統合することで、より直観や常識に合致する七つの原則を打ち立てた（pp.148–172）[58]。以下では、本書の軸となる原則について解説し、その問題点を指摘しておこう。

①生命を尊重する原則（The Respect for Life Principles）

生き物を理由なく殺したり、危害を加えたりしてはならない。この原則は広範囲に適用される。具体的には、地球上にもともと生息している生き物だけでなく、人工的に生み出された生き物や地球外の生き物も含む。この原則の最大の利点は、生き物それ自体に守るべき価値があると見なせる点である。もっとも、私たちは日常生活において、さまざまな生き物を無自覚に殺している。たとえば、道を歩いたり、野菜の栽培で土を耕したり、歯磨きをしたりするような場合だ。それに対しておそらく多くの人が、特段、罪の意識を感じていない。必ずしもすべての行為を計算しているわけではないが、私たちはそれを正当化する良い理由があると考えているのである（pp.149–152）。この原則の問題は、どのような理由であれば生き物を殺すことが正当化されるのかを明確に答えることはできないということだ。したがって、具体的に生き物をどのように配慮するかは、有感性や道徳的行為者性、また関係性など他の要因に左右される。

②残虐な行為を禁止する原則（The Anti-Cruelty Principle）

有感性を持つ存在者を理由なく殺したり、苦痛や苦悩を引き起こしたりしてはならない。私たちは常識的に、人に対して残虐な行為をすべきではないと考えている。また、多くの人がペットなど社会的共同体に属す愛玩動物に対しても同様の配慮が必要だと考えている。ヒュームも考えたように、理性を用いて正義のルールを打ち立てることで、道徳的配慮の対象範囲を拡張できるのだ。もし私たちが苦痛や苦悩は客観的（または内在的）に悪いと考えるのであれば、有感性を持つすべての存在者が被る苦痛や苦悩を考慮するのは当然のようにも思われる。つまり、私たち自身が被る苦痛や苦悩が客観的（または内在的）に悪いように、人以外の動物が被る苦痛や苦悩も同様に悪いということだ。論理的一貫性の観点からは、残虐な行為を禁止する原則は、有感性を持つすべての存在者に適用すべきだと言える。

これは、必ずしも有感性を持つすべての存在者を等しく扱わなければならないという意味ではない。人を殺したり、危害を加えたりすることと、動物を殺したり、危害を加えたりすることは道徳的に同等ではない。人を殺したり、動物を殺したりする場合、どちらもそれを正当化する理由が必要になるが、前者の方が後者よりもその正当化が難しくなる。言い換えれば、有感性を持つすべての存在者が同等の道徳的地位を持つわけではないということだ。この考え方は、有感性や意識経験の程度問題とも関係する。苦痛や苦悩は極めて多様な意識状態である。身体的な苦痛だけでなく、将来に対する恐怖や不安、また過去の出来事に関する悲痛や落胆など、さまざまな苦痛や苦悩を含む。こうした苦痛や苦悩をどの程度持つかは動物種によって大きく左右されるだろう（pp.152–156）。

③ 道徳的行為者の権利を尊重する原則（The Agent's Rights Principle）

道徳的行為者は、生命や自由への権利を含む、完全で平等な道徳上の基本的権利を持つ。この原則に関して、道徳的行為者に対して完全な道徳的地位を付与することは実用的にも重要である。道徳的行為者は社会的共同体の一員として互いを信頼し、協力する必要がある。たとえ社会的共同体における関係性や同じ共同体の一員の福祉を軽視する人がいたとしてもだ。その意味で道徳的行為者の権利を等しく尊重することは社会的に価値があると言える。

もっとも、道徳的行為者に付与される権利は絶対的で、不可侵というわけではない。たとえば、自己防衛が認められる場合には、相手の権利を侵害することは正当化される。また、ある道徳的行為者の生命への権利を保障するために、その人が必要なものをすべて与える必要もない（たとえば、肝移植が必要な患者の命を助けるために、第三者が肝臓を提供する絶対的な義務はない）。さらに、道徳的行為者であることは必ずしもホモ・サピエンスの種に限定されない。地球上、また地球外にも、人以外の道徳的行為者が存在する可能性はあるだろう（pp.156–163）。

④ 人権を尊重する原則（The Human Rights Principle）

道徳的行為者性を持たないが、有感性を持つすべての人は、道徳的行為者が持つのと同等の道徳的権利を持つ。この原則に関して、道徳的行為者性を持つ存在者のみが生命や自由に対する権利、言い換えれば、人権を持つわけではない。たとえば、物心つかない子どももそうした権利を持つと考えるのが妥当だろう。子どもや障害を抱える人の自由は時として制限されるかもしれないが、そうした人たちの利害は道徳的行為者の利害と同等に考慮されなければならない。この考えは、直観的、理性的、文化的にも多くの人に受け入れられるだろう（pp.164–166）。

問題は、生まれる前の胚や胎児、無脳症児、道徳的行為者性を持たない重度の精神障害を抱える人、道徳的行為者性を不可逆的に喪失した人（脳死者）などの権利の問題である。意識状態が極めて限られている人に対してどのような道徳的義務を負うかについて、この原則だけでは判断に窮するかもしれない。しかし、原則⑥や原則⑦に従えば、思いやる者と思いやられる者との関係性、および共同体で特別に尊重されていることを考慮し、そうした存在者に対しても私たちと同等の道徳的地位を付与することはできるだろう。

⑤ 生態系や生態系にとって重要な存在者を配慮する原則 （The Ecological Principle）

生態系や生態系にとって重要な存在者を配慮すべきである。道徳的義務について考えるとき、生態系にとっての価値を、動植物が持つ内在的価値よりも重視する場合がある。たとえば、生態系にとって重要な価値を持つ動植物を特別に保全したり、人為的な理由によって絶滅するおそれのある自然環境を特別に保全したりする場合である。このように、将来にわたる生態系の存続と繁栄は、ある特定の動植物、また自然環境に対して道徳的地位を付与すべき積極的な理由になりうる（pp.166–168）。

⑥ 社会的共同体に属す、人以外の動物を尊重する原則 （The Interspecific Principle）

この原則では、社会的共同体に属す、人以外の動物などを相応に配慮することを要求する。私たちは一般に、社会的共同体に属す動物、すなわち、ペットのような愛玩動物に対して特別な価値を付与している。残虐な行為を禁止する原則において、有感性を持つ動物を理由なく殺したり、危害を加えたりしてはならないと述べたが、キャリコットやミジリーの見方では、社会的共同体に属す存在者に対する道徳的義務は、生物共同体のみに属す存在者に対する道徳的義務よりも強いものになる。

またノディングズのいう思いやりの関係性によって、動物の中でもある特定の動物に対しより強い道徳的義務を負うことを説明することができる。これは、私たちの直観や常識にも合致するだろう。たとえば、動物の権利を主張するレーガンでさえ、救命ボートの思考実験を用いて、人と動物のどちらかしか助けられないとしたら、人を助けるべき（動物を海に放り出すべき）だと述べる[59]。同じ状況で、ペットのネコと見知らぬネコであれば、自分のペットを海に放り出すのが正しいと考える人はいないと思われる。これは、私たちが単純な功利計算（有感性を持つ存在者の苦痛を等しく扱う）を採用していないことを示している（pp.168–170）。

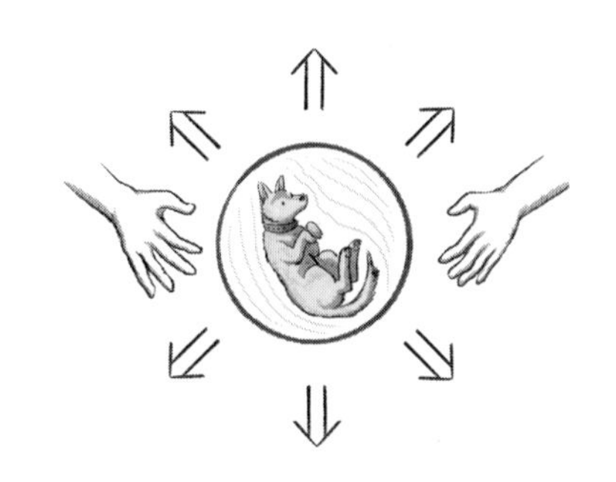

図６　動物の道徳的地位は人や社会との関係性によって決定される

こうした関係性を尊重することで、私たちは自分たち以外の存在者の道徳的地位を内在的特性のみに依拠せず評価することができる。

⑦ 尊重を推移させる原則（The Transitivity of Respect Principle）

この原則は、道徳的行為者が、個人または集団にとって価値あるものに道徳的地位を付与し、それに対して道徳的義務を負うべきだとする原則である。私たちはしばしば、さまざまな理由から多様な存在者に対して道徳的地位を付与している。また、ある個人または集団が、生きているものや生きていないものに対して道徳的地位を付与したり、道徳的義務を負ったりしていることも知っている。ある人にとって価値のある大事なものであっても、別の人にとって同様に価値のある大事なものであるとは限らない。しかしこの原則は、他の原則と比較考量を行い、正当な理由がある場合には、多様な存在者に対して、自分自身が考えるよりも強い道徳的地位を付与することを要求するものである。

たとえば、ある人が親の形見を親のように大事にしていたのに、別の人がそれを盗み、売り払ったとしよう。この場合、窃盗を犯した人は単に窃盗罪という法律上の罪に問われるだけではなく、道義的にも問題がある（窃盗自体が非情で、盗まれた人に対して非礼であるだろう）。同様に、ある集団が宗教上の理由で大事にしている神聖な場所（その宗教を共有しない人にとっては何でもない場所）を尊重することは道徳的義務と言えるだろう（pp.170–172）。個人または集団の自律性を尊重することは、医療倫理の四原則の一つ、自律尊重の原則に従うことでもある[60]。

こうして見ると、ミジリーが述べたように、私たちが道徳的義務を負う可能性

図7　私たちは誰に、何に道徳的義務を負うべきだろうか

がある存在者は無数にいる（または、ある）。具体的には、死者、子孫、子ども、老人、一時的または恒久的に精神障害のある人、遷延性意識障害の人、胚や胎児、有感性を持つ動物、有感性を持たない動物、植物、人工物、川や岩などの無生物、家族や種などの集団、生態系や景観、都市、国、生物圏である（pp.173–174）。本書で扱うさまざまな存在者も、当然、その道徳的地位が問題になる。ただし、これまで見てきたように、生命、有感性、道徳的行為者性、関係性など、道徳的地位の単一基準を採用したとしても、問題の解決は困難である。各基準がある一面を考慮できていたとしても、別の一面を十分に考慮できず、別の問題を引き起こすからだ。

それに対して、本書が複合基準である道徳的地位の七原則を採用する理由の一つは、多くの存在者を議論の俎上に載せることができるからである。つまり、先端科学技術が追求する利益の影で一方的に危害を被りうる存在者を見過ごさずにすむし、たとえ科学や医学の進展のために、ある存在者の犠牲が正当化されるとしても、私たちがそうした存在者に対してどのような道徳的義務を負っているのかを自覚するきっかけにもなるのだ。

本書では、ここで説明してきた道徳的地位の七原則も応用しながら、具体的な先端科学技術（動物の体で人の臓器を作ること、体外で胚や脳を作ること、体外で作られた精子・卵子で子どもを生むこと、子どもの遺伝子を操作すること）が提起する倫理問題を議論していく[61]。この応用倫理学の方法は、絶対的に正しい解を導くことを目的にするのではない。むしろ問題を整理し、何がよりよい選択であるのかを自分自身で筋道立てて考察し、最終的に妥当な結論を導くために有用な方法なのである。

コラム1　種差別

どの種に属しているかで差別する、たとえばホモ・サピエンスの種に属しているので人を特別に尊重する、というのは「種差別（speciesism）」と呼ばれることがある。この用語は1970年代に動物の権利の活動家であるリチャード・ライダーが造ったもので、ピーター・シンガーによって広められた。種の違いに注目し、他の動物の「利害（interest）」より人の利害を優先することは、人種の違いで差別するのと同じで、道徳的に正当化できないというわけだ（Singer, P. 1974. All animals are equal. *Philosophic Exchange* 5 (1): 103-116）。

確かに、人がホモ・サピエンスの種に属していること、言い換えれば、人が持つ遺伝子構成や生理機能は、人を他の動物から区別する特徴の一つになる。しかし、シンガーに言わせれば、こうした特徴は道徳的に重要ではなく、せいぜい私たち一人ひとりがどの国で生まれたかというくらいの運に関わる問題だというのだ。なお、種差別と似た見方に「人間の例外主義（human exceptionalism）」がある。これは、人には他の動物にない特有の能力（例：関係性の構築、感情表現、言語使用）があるために優れているという考えだ。しかし、実際は、こういった能力は人以外の動物にも見いだされるため、この見方に対しても批判は多い。

コラム2　予防原則

「予防原則（precautionary principle）」の基本的な考え方は、転ばぬ先の杖、つまり用心に越したことはないということである。予防原則は、ある出来事Aと深刻な被害の因果関係が不確かであっても、深刻な被害を防ぐために規制強化を要求する。たとえば地球温暖化や気候変動の対策のように科学的な因果関係が証明されていない場合だ。予防原則が必要とされる理由として、①過去の意思決定に対する不満、すなわち、因果関係の不確かさは不作為の理由にならない、②目先の利益ではなく、未来世代への責任を果たすべきである、③因果関係が不確かだったり、リスクが分からなかったりする状況での合理的な意思決定理論として、予防原則はある程度理にかなっている、などがある。

しかし一方で反論もある。たとえば、ある行為が健康リスクを生じさせると予想されているとしよう。そのリスクを裏付ける確たる根拠がないにもかかわらず、予防原則を適用し、その行為を規制すると、大きな（経済）損失が生じたり、私たちの意思決定が麻痺したりするという批判だ。これに対しては、予防原則に関する偏った解釈に基づいているとする反論もある。多くの予防原則においては、本当に考慮すべきリスクが明示化されているし、どんな小さな害でも考慮するわけではないというわけだ。本書で扱うような、未知の領域へと開かれた先端科学技術の分野でもしばしば登場する原則である。

⇨詳細は『インターネット哲学百科事典（*Internet Encyclopedia of Philosophy*）』の「予防原則（precautionary principles）」の項目を参照。

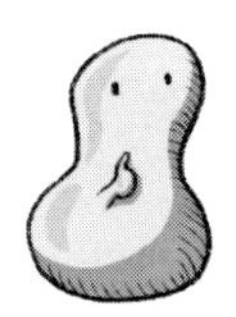

第２章
動物で人の臓器を作ってよいか
ヒト化する動物をめぐる倫理

本章のキーワード
キメラ動物、胚盤胞補完法、ゲノム編集、ES 細胞、iPS 細胞、臓器移植、種の境界、道徳的混乱、人間の尊厳、動物のヒト化、道徳的不確定性、動物の福祉、動物実験の三原則（3R）、比例性の原則、補完性の原則、予防原則

1　キメラ動物とは何か

近年、科学の研究開発・技術開発が急速に進み、これまで空想上の存在であった動物を生み出すことが可能になりつつある。その動物とは、人と動物の細胞が混ざったキメラ動物である。本章で取り上げるキメラ動物は、私たちがこれまで対峙したことがない新たな存在者であるだけに、そもそも生み出すことは認められるのか、また生み出すことが認められる場合、私たちは彼らに対してどのような道徳的義務を負うのかをあらかじめ考えておかなければならない。

キメラ動物を生み出す技術は胚盤胞（はいばんほう）補完法と呼ばれ、特定の臓器が欠損するよう遺伝子を操作した胚盤胞（受精後、数日が経過した胚）に、人の多能性幹細胞（さまざまな種類の細胞に分化する能力を持つ細胞）を入れることで欠損臓器を補完するというものだ。これを可能にするためには、遺伝子を操作するゲノム編集という技術や、ES 細胞や iPS 細胞などの多能性幹細胞が必要になる（図 1）【コラム 3　ES 細胞、iPS 細胞】。

この方法を用いれば、理論的には動物体内で人の臓器を作ることができる。つ

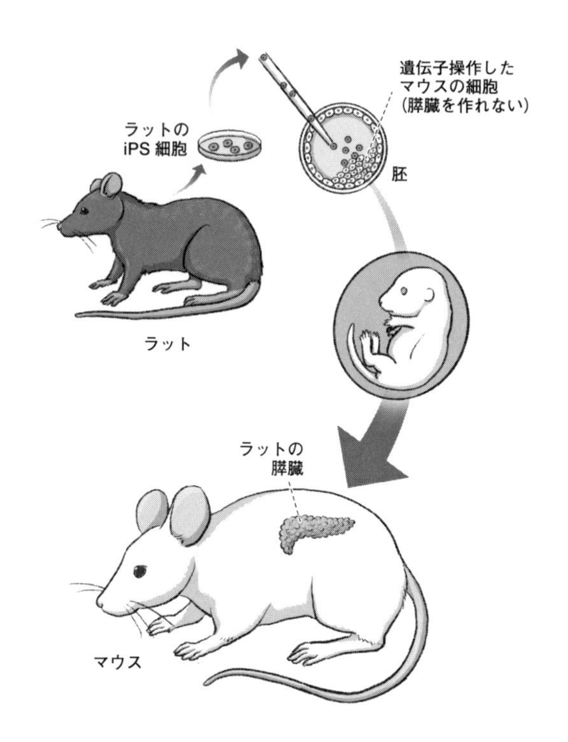

図１　胚盤胞補完法を利用して、マウスの体内でラットの膵臓を作るプロセス

まり、人の臓器を持つ動物（人と動物のキメラ個体；以下、キメラ動物）を研究や医療に利用できるというわけだ[01]。使い途は主に二つである。

一つは臓器移植。

現在、臓器移植を希望する人に比べて臓器提供の数が圧倒的に少ない[02]。こうした臓器移植における需要と供給の不均衡は、日本に限らず、世界的に長年の課題になっている。そのため、移植に必要な臓器を動物の体で作ることができれば、臓器移植をしなければ命が助からない人や病気の根治が望めない人にとっては福音になる。

もう一つは病気の原因解明と創薬。

言うまでもなく、私たち人は生涯を通してさまざまな病気に苦しむ。これまで人類は、病気を治すために動物実験を繰り返してきた。たとえば、ある病気に効く薬を探すとき、同様の症状を意図的に再現した動物に対して候補となる薬を投与する。動物に薬の効果があれば、人にも同様に効果があるという見込みからである。しかし、実際には種の違いもあり、動物で効果があっても人で効果があるとは限らない。副作用が出ることもある。それが動物体内で人の臓器を作ることができれば、特定の病気が発症する原因を調べたり、その病気に効く（副作用を軽減した）薬を開発したりできるというわけだ。

臓器移植も、病気の原因解明や創薬も、現在、さまざまな病気に苦しむ多くの人に希望を与えるだろうし、うまくいけば今後、同じ病気にかかる多くの人の命を救うことにもつながるだろう。持病を抱えている人、または自分の身の周りにそうした人がいるという場合はなおさら、このような研究の進展、またその先にある医療応用への期待は高まるにちがいない。その一方で、ここまで読んですでに懸念や不安を覚えた人がいるはずだ。

本章では、キメラ動物を生み出すことの倫理性、すなわち、動物の体で人の臓器を作ってよいのかどうかを問題にする。

2　キメラ動物をめぐる倫理

議論のきっかけ

2002年11月、イギリスの科学誌『ネイチャー』に、あるサイエンスライターが書いたニュース記事が掲載された[03]。アメリカのニューヨークで開催された科学系の学会で、マウスの胚に人のES細胞（多能性幹細胞の一つ）を入れ、その細胞の能力（多能性）を検証する研究構想が発表された、というものだ。

多能性を持つ細胞にES細胞を入れると、それらは異種の胚の発生過程で混ざり合う。そこで、研究のために異種の胚に人のES細胞を入れることで、その細胞にキメリズム（細胞が混ざり合う現象）を引き起こす「キメラ形成能」があるかどうかを確認するのである。その細胞にキメラ形成能があれば、入れた細胞が多能性を持つと証明できる。動物体内で移植用臓器を作るという目的を達成するうえで、動物の胚に人の多能性幹細胞を入れ、その細胞がキメラ形成能を持つかどうかを検証することは極めて重要なステップになる。

動物の胚に人の多能性幹細胞を入れることは、今でこそ細胞のキメラ形成能を検証するために不可欠と見られている。しかし、この行為が一般的でなかった

2000年初頭、この『ネイチャー』のニュース記事や同じ時期に行われていた同様の研究を契機に、倫理をめぐる議論が起こったのである。これまでのところ、道徳的混乱が生じる、人間の尊厳が侵害される、動物がヒト化する、道徳的地位が不確定である、という四つの論点が提起されている。以下では、個々の議論を概観した後、それらの議論が孕む問題点を論じることにしよう。

種の境界が侵される

「種の境界を越えること」というタイトルの論文を発表した生命倫理学者のジェイソン・ロバートとフランソワーズ・ベイリスは、胚盤胞補完法を用いてキメラ動物を生み出してよいかどうかを論じた[04]。まず彼らは、人（ホモ・サピエンス）と動物の種の境界を越えることの問題を整理する。

「種（species）」とは動植物を分類する際の基本単位である。論文名にあるように「種の境界を越える」と言うとき、種は固定されているという考えが前提にある。しかし、実際のところ種はむしろ流動的で、自然の中であれ人為的操作によってであれ種は混ざり合っている。

人と動物の種の境界の問題を扱うためには、ホモ・サピエンスの種を定義するのがよさそうだが、これがなかなか難しい。そもそも種に関する権威主義的な定義は存在しないからだ。たとえば、「恒常的性質群（homeostatic property cluster）」と呼ばれる種の定義があるが、この定義ではホモ・サピエンスの種を、言語能力、知能、有感性、複雑な感情など、人に普遍的に見られる特徴（ホモ・サピエンスにおいて確認される恒常的な性質群）の有無で区別する。しかし、この定義を採用すると直ちに、必ずしも人がそうした特徴を持たなかったり、反対に動物がそれを持っていたりすることに気づくだろう（前章の道徳的地位に関する議論で見た、有感性や道徳的行為者性のように内在的特性に依拠する見方にも向けられた批判である）。

種の境界は固定されておらず、ホモ・サピエンスを含む種を定義できないとなれば、どのような場合に人と動物の種の境界を越えるのかが分からない。このように種をめぐっては曖昧さがあるにもかかわらず、多くの人が人と動物の境界を越えてはならないと考えているのだ。この意味で、人と動物の種の境界を越えることへの忌避は、人が作り上げたもの（社会的構築物）だと言える。

この点を確認したうえでロバートとベイリスは、人と動物のいずれにも分類できない新種を生み出してしまうと道徳的混乱が生じると主張する。どういうことなのかを見ていこう。

私たち人は、動物にさまざまな役割を与え、その役割に応じた道徳的義務を負っている。具体的には、食用、労働、研究、スポーツ（ハンティング）、教育（動物園の動物）に利用されるものから、ペット、投資（血統やレース）、地球上の単なる共生者までさまざまだ。しかし多くの場合、私たちは人を特別視するようには動物を見ていない。動物の道徳的地位、つまり動物に対してどの程度の道徳的義務を負うかは、私たちの判断に委ねられているのである。

図２　人と動物の種は明確に線引きできるのか

ロバートとベイリスによれば、私たちが動物に比べて人を特別視するのは、人が「人らしさ（humanness）」を備えているからである。彼らは「人らしさ」について明言しないが、ある箇所ではそれを人格性と関連づけている。つまり、人らしさ（人格性）を持つキメラ動物を生み出してしまうと、私たちが当たり前と思っている人と動物の関係性を見直す必要が生じる。こうした人と動物の間に引かれている一線をめぐって生じる混乱、すなわち社会秩序や社会構造を揺るがすインパクトを持つ混乱こそが、彼らのいう道徳的混乱なのである。

これは、道徳的混乱を引き起こすような、人らしさを持つキメラ動物を生み出さなければそれでよいという主張のようにも聞こえる。しかし彼らは、人らしさを持つかどうかにかかわらず、胚盤胞補完法を用いてキメラ動物を生み出すこと自体が道徳的混乱を引き起こすとも言う。彼ら自身がこの研究をすべきでないと明言しないため、その真意を測りかねるが（肯定的でないとは言えるかもしれない）、将来、道徳的混乱が生じないように、こうした研究の是非を論じておくべきだというメッセージと受け取ることはできるだろう。

なぜ道徳的混乱に訴える議論は失敗しているか

ロバートとベイリスが道徳的混乱に訴える議論で問題視したのは、キメラ動物が人らしさを獲得することであった。彼らは、人らしさが完全な道徳的地位にとって必要条件であり、人らしさを獲得したキメラ動物は人と動物を分かつ道徳的な違いを曖昧にしてしまうと考える。明確に線引きされるべき人と動物の境界が、キメラ動物の出現で脅かされることを懸念するのだ。

だが、ロバートとベイリスの議論は、道徳的地位の観点から見て不備がある。

まず、人らしさが完全な道徳的地位にとって必要条件だと断言してしまうと、いくつかの望ましくない帰結を生んでしまう。それは、たとえ人であっても、人らしさを持たない存在者を一様に、完全な道徳的地位を持たないと判断することになりかねないというものだ。人らしさの有無によって、完全な道徳的地位を持つかどうかが決まるとなると、胚や胎児、さらには新生児がそれを持つのかどうかが判然としないだろう。もし、この人らしさが道徳的行為者性を指すのであれば、それらに完全な道徳的地位はないことになる。さらに言えば、ロバートとベイリスは、そもそもなぜ人らしさが完全な道徳的地位にとって必要条件であるのかも説明しない。

シンガーやレーガンなど、有感性や生命の主体性を根拠に動物の権利を主張する論者たちは、道徳的地位の判断基準を人らしさ（ロバートやベイリスが暗示する人格性）に求めることを受け入れない。そもそも有感性や生命の主体性に依拠すれば、動物の道徳的地位を不当に過小評価することが道徳的に認められないと主張しうるからである。たとえばシンガーなら、移植用の臓器を供給するためにキメラ動物を生み出すことは倫理的に正当化されると言うだろう。しかし同時に、平等原則に従い、新生児や重度の精神障害を抱える人など、有感性を持つが自己意識を持たない人から臓器を摘出し、臓器移植に利用することも倫理的に正当化されるという結論を理論的には導くはずだ[05]。

ロバートとベイリスが懸念したのは、人らしさを持つキメラ動物の誕生によって、人と動物の社会的・道徳的な分類が崩壊することであった。しかし、人らしさ（人であることを規定する内在的特性）が完全な道徳的地位にとって必要条件だとしても、その特性がなぜ人に限定されなければならないのかは不明である。人以外のさまざまな存在者、たとえば、ここで問題になっているキメラ動物や、人工知能（AI）が人らしさ（人であることの内在的特性）を獲得した場合、あるいは地球外生命体がその特性を持っていた場合、それによってなぜ道徳的混乱が生じるのかを説明しないのだ。

私は、**道徳的行為者の権利を尊重する原則**（道徳的行為者は、生命や自由への権利を含む、道徳上の基本的権利を平等に持つ）を支持している。したがって、この原則に従えば、自己意識を持つキメラ動物は道徳的行為者（人格）と見なすべきだろう。それはそのキメラ動物が私たち人と同じ権利を持つことを意味する。キメラ動物の利害は私たち人が持つ利害と同等に配慮しなければならないので、その動物を不当に研究利用することは当然ながら認められない。カント的な言い方をするなら、人格であるキメラ動物を誰かの目的を適えるための単なる手段として扱ってはならない。念のため断っておくと、**人権を尊重する原則**に照らせば、自己意識を持たないすべての人を私たち人と同じ権利を持つ存在者と見なすことが求められる（人と動物を区別するこの見方はシンガーと対立するだろう）。

ロバートとベイリスは議論の最後で、人らしさを持つキメラ動物を生み出すことで生じる混乱を考慮すべきだと訴える。しかし、彼らのいう人らしさが人格性を意味するなら、重要なのは、人格や道徳的行為者と言いうるキメラ動物を生み出す可能性がどの程度あるのか、またそうした動物を意図的に生み出すことが正当化されるのか、人らしさを持つキメラ動物が誕生した場合、その動物を道徳的に配慮できるのか、などの具体的な問題を検討することである。さらに、シンガーやレーガンのように、人らしさを完全な道徳的地位にとっての必要条件と見なすことに批判的な者もいるため、道徳的混乱に訴える形でキメラ動物を生み出すことに反対するのであれば、そもそも何を根拠にその議論を擁護するのかについても考えておく必要があるだろう。

人間の尊厳が侵される

ロバートとベイリスによる道徳的混乱に訴える議論以降、論争の一角を占めてきたのは「人間の尊厳（human dignity）」に訴える議論である。この議論を実質的に初めて行ったのは、遺伝学者のフィリップ・カーポウィッチや生命倫理学者のシンディア・B・コーエンたちだ[06]。彼らは、ロバートやベイリスと違い、キメラ動物の作製は倫理的に認められるものとそうでないものに分類できると考えた。

カーポウィッチたちの議論は一見すると明快である。キメラ動物を生み出すことが倫理的に認められるかどうかは、そのキメラ動物が心理的能力を獲得するかどうかで決まるからだ。心理的能力を持つキメラ動物を生み出すことは人間の尊厳を侵害するため、倫理的に認められない。反対に、心理的能力を獲得しなければ、キメラ動物を生み出しても倫理的に問題はないと言える。

ここで問題となるのは心理的能力の内容だが、カーポウィッチたちはこれを、「高度なコミュニケーションや言葉の使用、複雑に絡み合った社会関係への参加、世俗的、または宗教的な世界観の構築、感情的に複雑な方法で同情や共感を表現する能力」を含む、多面的な概念と捉えている[07]。つまり、彼らは心理的能力を極めて洗練された能力と見なしており、これは第1章で紹介した道徳的行為者性と言い換えてもよいだろう（そこで、以下では特に断らない限り、心理的能力を道徳的行為者性と言い換えて話を進めていく）。

彼らの議論の特徴は、人間の尊厳を持つ存在者の射程が広い点にある。人間の尊厳を持つ存在者は、現在、道徳的行為者性を持つ人に限らず、将来、それを持つ人、また過去にそれを持っていた人も含む（この見方は、第1章でも見たロールズの潜在性議論に近い）。このように言うと、道徳的行為者性を先天的に持ちえない人は、人間の尊厳を持たないということになってしまうのではないかと考える人もいるかもしれない。確かに、カーポウィッチたちの定義では、ここで想定されるような人は人間の尊厳を持たないことになるだろう。

しかし、カーポウィッチたちによれば、道徳的行為者性が完全な道徳的地位にとって必要条件であるという点は、論者の間で合意が取れているわけではない。したがって、たとえば、重度の精神障害を抱える人を不当に扱うことを避けるためにも、すべての人（胎児などの潜在的な人を含む）が人間の尊厳を持つと見なすべきだと言う[08]。ここでは、道徳的行為者性の有無ではなく、人であるかどうか（ホモ・サピエンスの種に属すかどうか）が完全な道徳的地位にとって必要条件と見なされていることが分かる[09]。

つまり、人は他の動物が持たない道徳的行為者性を持つので尊厳を持つというのが彼らの主張だ。したがって、道徳的行為者性を人以外の動物が獲得すれば、人の特権性は脅かされ、ひいては人間の尊厳が侵害される。このような論理を採用することで彼らは、道徳的行為者性を持たないキメラ動物を生み出したとしても、人間の尊厳は侵害されないと考えるにいたる。さらに彼らは、本章が問題にしている胚盤胞補完法を用いた場合、移植する細胞（ドナー側）の運命は、移植される動物の体内環境（ホスト／レシピエント側）によって決定されると科学的見知から推測する。たとえば、移植するのが人の細胞であっても、移植される側がブタやサルであれば、その動物の体内環境に依存する形で細胞が機能し、（道徳的な意味で）ヒト化する可能性はなさそうだと言うのである。

そしてカーポウィッチらは、（空想上の仮定の話だと断ったうえで）異種移植の事例を取り上げる。動物の胚に人の細胞を入れる研究ではなく、人の完全な脳を動物に移植するような異種移植である。このような移植行為が技術的に可能で、実際に行われれば、脳を移植された動物が人間の尊厳を規定する能力を獲得する可能性がある。もし人の脳を移植されたキメラ動物が道徳的行為者性を獲得しているにもかかわらず、その特性に反して不当に研究利用されるのであれば、それは倫理的に不正だと考えるのである。この事例を通して、動物が道徳的行為者性を獲得するおそれがあるのは、人の完全な脳を動物に移植することが成功した場合のみと認識していることが分かる。

カーポウィッチたちの見立てでは、キメラ動物が道徳的行為者性（彼らのいう心理的能力）を獲得する可能性は低い。それにもかかわらず、（胚盤胞補完法を用いる場合に限らず）道徳的行為者性を持つキメラ動物を生み出すのを防ぐために、三つの予防措置を講じるよう提案する（言うまでもなく、彼らは予防原則を適用している）。それは、① 移植する細胞を必要最小限にとどめる、② 形態学的・機能的に人に近い動物を実験に利用しない、③ 移植する細胞を成熟した組織ではなく幹細胞に限定する、というものだ。この措置を講じる限りにおいて、仮に人と動物のキメラ動物を生み出したとしても、懸念するような人間の尊厳の侵害は起こらず、通常の動物実験のルールに従って研究を進めることができるのである。

なぜ人間の尊厳に訴える議論は失敗しているか

カーポウィッチたちによる人間の尊厳に訴える議論にも、ロバートとベイリスと同様の不備がある。カーポウィッチたちは、キメラ動物が人を規定する道徳的行為者性（先に述べた通り、彼らによれば心理的能力）を獲得すれば、私たち人が持つ特権性、すなわち、人間の尊厳を侵害することになると言う。彼らの議論の特徴は、道徳的行為者性の有無が完全な道徳的地位を持つかどうかの判断基準になっているにもかかわらず、現時点で道徳的行為者性を持っていない存在者、たとえば、将来その能力を持つ人（胎児や新生児）や、かつてその能力を持っていた人（後天的に重度の精神障害を抱えた人や脳死の人）も同様に尊厳を持つと主張する点にある。

一方で彼らは、人以外の動物が道徳的行為者性を持つと、なぜ人間の尊厳が侵害されるのかを説明しない。たとえば、仮に先天的に道徳的行為者性を持たない人（これまでも道徳的行為者性を持たないし、今後もそれを持つ見込みのない人）に対して、「治療」と称して道徳的行為者性を付与できるとしよう。この場合、道徳的行為者性を付与することは人間の尊厳を侵害していることになるだろうか。カーポウィッチたちはおそらく、この事例が人間の尊厳を侵害しているとは言わないだろう。なぜなら、道徳的行為者性を持っていなかったとしても、その人は人だから（ホモ・サピエンスに属しているから）である。

もしホモ・サピエンスに属すことが道徳的地位にとって必要条件であれば、彼らのいう道徳的行為者性の有無は道徳的地位にとって少なくとも必要条件ではなくなる。反対に、道徳的行為者性が道徳的地位にとって必要条件であれば、ホモ・サピエンスに属すことを必要条件とする説明がつかない。つまり、ホモ・サピエンスの種に属さない動物が道徳的行為者性を獲得すると、なぜ人間の尊厳を侵すことになるのかが判然としないのだ。

とはいえ、人が（人間の）尊厳を持つとする彼らの主張は、少なくとも私にとって納得のいくものである。**人権を尊重する原則**に従えば、道徳的行為者性を持たないが、有感性を持つすべての人（たとえば、重度の精神障害を抱える人）も道徳的行為者と同じ道徳的権利と尊厳を持つと私は考えている。道徳的行為者性の有無にかかわらず、すべての人に等しく完全な道徳的地位を付与し、道徳的に配慮すべきなのである。

それに対して、道徳的行為者性を持つキメラ動物を生み出してしまったなら、**道徳的行為者の権利を尊重する原則**に従い、（私たち人が持つような）権利と尊厳を持つと見るのが妥当だろう。このとき、カーポウィッチたちの言うように、キメラ動物が道徳的行為者性を獲得することをもって、人間の尊厳が侵害されたと見なすべきではない。ただし、動物が道徳的行為者性を持っていた場合に、私たちがその動物を道徳的に配慮できないと考えるのであれば（本来、配慮すべきであるが）、そもそも道徳的行為者性を持つキメラ動物を生み出すことや、そのおそれのある行為は認めるべきではないのだ。

3　ヒト化する動物——人の脳、精子・卵子、容姿を持つこと

従来、「動物のヒト化（humanization of animals）」をめぐる議論では、特に脳のヒト化、精子・卵子のヒト化、容姿のヒト化が争点となってきた。

脳のヒト化をめぐる倫理問題

キメラ動物を生み出した場合、その動物の脳が人の細胞で構成されているとしよう。この「脳のヒト化」をめぐる問題が動物のヒト化の中でも特に懸念を引き起こすことは、先に見た道徳的混乱や人間の尊厳に訴える議論からも容易に想像できるだろう。いずれの議論も、生み出されたキメラ動物が人を規定する内在的特性を獲得することを問題視しているからだ。人を規定する特性を持つキメラ動物が誕生することによって、一方では道徳的混乱が生じ、もう一方では人間の尊厳が侵害される。もし、人を規定する特性の獲得という意味で脳のヒト化が問題なのであれば、それが生じなければ、キメラ動物を生み出すことを特段懸念する必要はないように思われる。ロバートとベイリス、またカーポウィッチたち以外にも、そのように考える論者は多い。

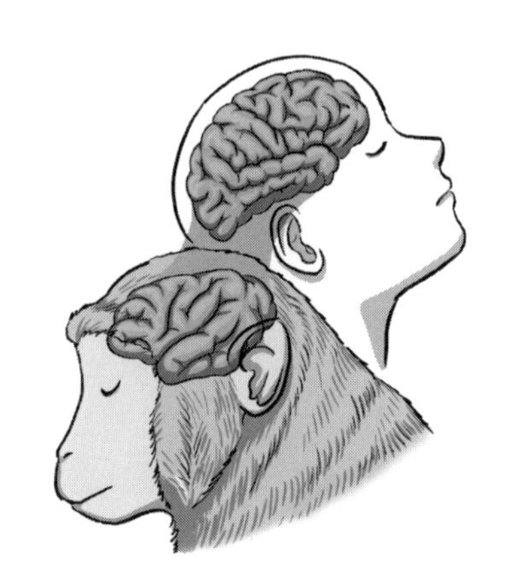

図３　生物学的にヒト化した脳を持つサルを生み出すということ

このようにして問題を区別しようとするのが、動物の「道徳的ヒト化（moral humanization）」と「生物学的ヒト化（biological humanization）」の議論である[10]。道徳的ヒト化とは、動物が人格性や道徳的行為者性などの内在的特性を獲得するという意味での脳のヒト化である。他方で、生物学的ヒト化とは、道徳的地位を付与するための特性を獲得するわけではないが、動物の脳が人の細胞によって構成されているという意味での脳のヒト化である。

このヒト化の問題が先鋭化しているのが、幹細胞研究者アレハンドロ・デ・ロス・エンジェルスや生命倫理学者インスー・ヒュンたちによる研究計画の提案である[11]。彼らは、胚盤胞補完法でヒト化した脳（人の神経細胞で構成された脳）を持つサルを意図的に生み出すことが倫理的に認められるのかどうかを論じている。彼らの計画では、生物学的にヒト化した脳を持つサルを生み出したとしても、そのサルは道徳的にヒト化しないことが前提になっている。少なくとも私にとって、この計画は直観的に受け入れられないが、デ・ロス・エンジェルスやヒュンたちは、研究の科学的な妥当性や倫理的な正当性を以下のように訴える。

現在、さまざまな脳疾患（パーキンソン病、アルツハイマー病、ハンチントン病、統合失調症など）のモデル動物としてサルが研究に利用されている。たとえば、① 類似の症状を示す老化したサルを用いる場合、② ある脳疾患に関係する遺伝子を傷つけたり、薬を投与したりすることで類似の症状を持つサルを用いる場合、③ ある脳疾患を持つ人の遺伝子を挿入した遺伝子改変サルを用いる場合である。

しかし、①〜③のサルを用いた実験は目的を達成するうえでの課題がある。①（老化）は、老化が原因で生じる症状と脳疾患が原因で生じる症状が必ずしも同じではないという課題。②（遺伝子の損傷や投薬）は、脳疾患において生じる特徴をすべて見ることができない、サルの中でも種差（多様性）がある、人の脳の状態を忠実に再現できていないなどの点が課題になる。さらに③（遺伝子改変）は、複数の要因で生じる脳疾患をモデル化できない、ゲノム編集ではオフターゲット（標的となる遺伝子を操作した結果、意図せず別の遺伝子なども操作してしまうこと。5章参照）やモザイク（遺伝子操作を行った結果、操作できた箇所とできなかった箇所が生じること。5章参照）が起こる、どこで突然変異が起こる（遺伝形質が変化する）のかが分からないという点が課題である。

生物学的にヒト化した脳を持つサルを生み出すことができれば、こうした課題を克服できる。これがデ・ロス・エンジェルスやヒュンたちのいう科学的妥当性である。もちろん、現時点ではこの方法にも技術的な課題がある。たとえば、意図したモデル動物を作れるのかや、サルに予期しない苦痛を与えることにならないか、といった点だ。特に、この方法で生み出されるサルが、通常のサルよりも大きな苦痛や苦悩を抱えてしまうことは重大な懸念事項である。彼らも、もしサルが被る苦痛や苦悩が大きい場合、得られる利益がいくら大きくてもこの研究は倫理的に正当化されないと言う。

そこで彼らは、こうした課題を克服するためにも、五つの点に留意しながら、段階的に研究を進めることを提案する[12]。

① ヒト化した脳を持つ動物を作製するまでの手順……人で試す（ヒト化した脳を持つサルを生み出す）前に、同種のサル同士（例：アカゲザルの多能性幹細胞をアカゲザルの胚に移植する）、また異種のサル同士（例：チンパンジーなど類人猿の多能性幹細胞をアカゲザルの胚に移植する）で同様の試みを行うのが賢明かつ有用である。
② 注意深い観察……ヒト化した脳を持つサルを注意深く観察すべきである。た

とえば、脳疾患を持つサルを生み出した場合、そのサルの能力や健康は向上するより、むしろ損なわれる可能性が高い。そのため、動物の福祉を考慮した審査、観察を進めるべきである。

③ 独立機関の研究審査……研究目的を達成するための代替手段がないことを確認し、利用するサルの数を最小限にとどめるべきである。

④ 学術機関が出している提言との調和……全米科学アカデミー（政府から独立した非営利組織）や国際幹細胞学会（幹細胞分野の国際的な非営利学術機関）が出している提言との調和を図るべきである。

⑤ 他の事例に学ぶ……研究費を割り当てる資金配分機関は、ゲノム編集をはじめとする先行事例も参考にしながら、科学や生命倫理の専門家を集め、研究上の利益とリスクを討議する場を設けるべきである。また、こうした研究を進める際には市民参加（専門家だけでなく非専門家が議論に加わって、決めること。終章参照）も不可欠である。

以上の段階を踏むことで、デ・ロス・エンジェルスとヒュンたちは、ヒト化した脳を持つキメラ動物を用いた研究を倫理的に進めることができると考える。これら五つの提案が具体的なだけに、彼らの本気度が伝わってくるだろう。

彼らの提示する研究計画は、私たちに次の問いを突きつけている。それは、すでに行われているサルの脳に介入するさまざまな研究が倫理的に認められるのであれば、生物学的にヒト化した脳を持つサルを生み出すことも認められるのではないかという問いだ。またその際、キメラ動物の作製をめぐって私たちが本当に問題にしなければならないのは、生物学的にヒト化した脳を持つキメラ動物の作製ではなく、道徳的にヒト化した脳を持つキメラ動物の作製ではないかという問いでもある。これに対して、生物学的にヒト化した脳を持つキメラ動物は何が何でも生み出すべきではないと主張するのであれば、すでに行われているサルの脳に人の細胞を移植するすべての行為も同様に批判の対象になるだろう。両者が何らかの理由で違うと言うなら、当然、その理由が重要になる。

脳のヒト化は問題か

脳のヒト化の問題を論じる際、道徳的ヒト化と生物学的ヒト化を分類するのは確かに有効だろう。また、既存の研究、すなわち、サルの脳に人の細胞を移植する研究を絶対に認めないという強固な立場を取らない限り、デ・ロス・エンジェルスやヒュンたちが提案する研究計画を批判するのは難しい。同じ生物学的な脳のヒト化に関して、一方は認め、他方は認めないというように、許容の線引きが恣意的になるからだ。

もっとも、彼らが依拠する前提を批判することは可能だろう。生物学的にヒト化した脳を持つサルを生み出しても、そのサルが道徳的にヒト化することはないという楽観的な見方への批判である。ただし、この立場を取る場合、彼らが提案するような手順で研究を進め、結果的に道徳的にヒト化しないことが裏付けられれば、もはや批判する理由がなくなってしまう。

道徳的行為者の権利を尊重する原則に従えば、道徳的にヒト化した脳を持つキメラ動物は、内在的特性を根拠に私たち人と同等の権利を持つと見なすべきである。他方で、生物学的にヒト化した脳を持つキメラ動物は道徳的行為者とは言えないため、必ずしも私たち人と同等の権利を持つと見なすべきではない。

とはいえ、生物学的にヒト化した脳を持つキメラ動物を生み出す場合であっても、理由なくそうしたキメラ動物を生み出し、研究利用することは認められないだろう。彼らも言うように、その方法でしか達成できない研究目的がある場合に限り、倫理的に正当化される。

残虐な行為を禁止する原則に従えば、私たち人はこの研究に利用されるマウス、ブタ、サルなどの実験動物に対してそれぞれ相応の道徳的義務を負うことになる。動物種によって苦痛や苦悩の程度が変わると予想されるからだ。つまり、同じヒト化した脳を持つキメラ動物を生み出すと言っても、マウスよりはブタ、ブタよりはサルの方が、この研究を正当化するだけの十分な根拠が必要だろう。デ・ロス・エンジェルスやヒュンたちは五つの提案（特に①〜③）の中で、この点についても周到に議論している。

胚盤胞補完法によってキメラ動物を生み出し、脳が完全に人の細胞によって構成されていたとしても、道徳的ヒト化は起こらないかもしれない。それはホストの動物がマウスであってもサルであっても同じである。デ・ロス・エンジェルスやヒュンたちもそのように考えていると思われる。しかし、そうはいっても道徳的ヒト化の懸念が高まるため、①〜③はそうした懸念を回避するための予防措置だと言える。

彼らは道徳的にヒト化したキメラ動物を生み出すことの問題に触れない。中には、この行為は道徳的に正しくないし、どうしても避けなければならないと考える人もいるだろう。しかし、意図するかしないかにかかわらず、道徳的にヒト化した脳を持つキメラ動物を生み出した場合、その動物に適切な環境を保証できるのであれば（私は極めて懐疑的だが）、生み出すこと自体が道徳的に不正だとまでは言えない。**道徳的行為者の権利を尊重する原則**に従い、その動物に対して相応の義務を負うべきなのである。

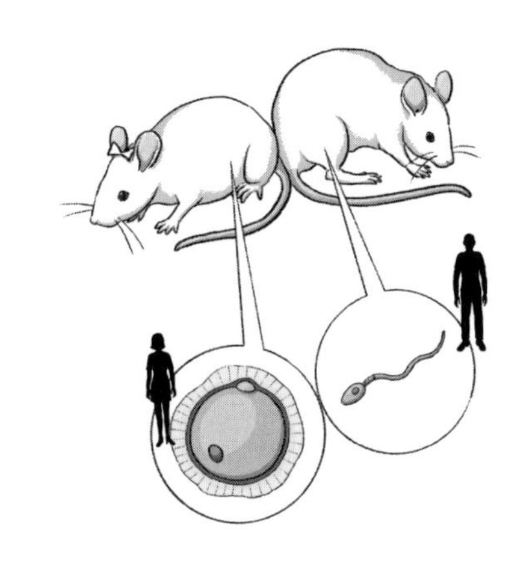

図4　人の精子・卵子を持つ動物を生み出すということ

実際に脳のヒト化を目指す研究をどの程度進めるべきかを判断する際には、**尊重を推移させる原則**に従い、社会の価値観を把握すべきだろう。これは、デ・ロス・エンジェルスやヒュンたちによる⑤の提案と関係する。もし、ある共同体や社会で（生物学的に）ヒト化した脳を持つキメラ動物を絶対に生み出すべきでないと考える人が多数いる場合、その研究によって得られる利益がいかに大きくても、その研究を安易に認めるべきではないだろう。これは、脳のヒト化をめぐる問題に限らず、動物の体で人の臓器を作る行為全般に当てはまることだ。

精子・卵子のヒト化をめぐる倫理問題

二つの目の争点である精子・卵子のヒト化をめぐって提起される問題は三つに大別される。① キメラ動物が人の精子・卵子を持つこと、② 人の精子・卵子を持つキメラ動物と動物が交雑し、ハイブリッド動物（異種の精子・卵子を受精することで誕生する動物）が生まれること、③ 人の精子・卵子を持つキメラ動物同士が交雑し、人が生まれることである。②と③の精子・卵子のヒト化は、図4が示すように動物体内に人の精子・卵子があることで生じうる帰結である[13]。

ただし、②と③について、そもそも異種動物の胎内で人が発育する可能性はほとんどなく[14]、近縁種でない限り自然生殖で異種間のハイブリッド動物が誕生することはない（この点は強調しておくべきだろう）。また、そもそも可能性の芽を摘む予防措置がいくつかある。たとえば、キメラ動物の性別をオスかメスに限定する、人の精子・卵子を持つキメラ動物を生殖年齢に達する前に屠殺する、去勢する（生殖機能を奪う）、性別を分けて飼育する、などの方法だ[15]。

したがって、実質的に問題となるのは①だろう。つまり、意図的に、または意図せず人の精子・卵子を持つキメラ動物を生み出すことが倫理的に認められるのかどうか、認められる場合があるとすれば、それはどのような場合かである。従来、この問題については、キメラ動物が人の精子・卵子を持つのをいかに防ぐか（科学的な側面）が先行して論じられてきたが、近年ようやく、なぜそれが倫理的に問題なのか（倫理的な側面）が論じられるようになってきた。

この問題を扱う数少ない論者の中に、人と動物のキメラ研究の倫理に詳しいセザー・パラシオス＝ゴンザレスがいる。彼は、動物の体で人の精子・卵子（特に卵子）を作ることを支持するが、自身の主張に先立ち、想定される反論を取り上げている[16]。ここでは特に関連する二点を見てみよう。

① 人の精子・卵子の価値が損なわれる

反論の一つ目は、キメラ動物が人の精子・卵子を持つことで、人の精子・卵子の価値が損なわれるのではないかというものである。この問題について論じるとき、パラシオス＝ゴンザレスは価値を内在的価値と道具的価値の二種類に分ける。内在的価値とは、それ自体が持つ客観的価値のことで、外的環境とは独立して価値があるものだ。他方、道具的価値とは、ある目的を達成するための手段・道具として価値を持つことである。必ずしもそれ自体では客観的な価値を持たないため、道徳的配慮を必要としない。たとえば、医療技術は人の命を助けるために有用であるため、道具的価値を持つ。それに対して、人の命はそれ自体として大事であるため、内在的価値を持つ。

人の精子・卵子が内在的価値を持つとしよう。この場合、キメラ動物が人の精子・卵子を持つことで、その精子・卵子の価値は損なわれるだろうか。損なわれないだろう。なぜなら、内在的価値を持つものは、どこで作られるか、どこにあるかにかかわらず（外的環境とは独立して）価値があるからだ。

一方、道具的価値について、人の精子・卵子がある目的を達成するための道具・手段だと見ることもできる。たとえば、体外授精（In vitro fertilization: IVF）で子どもを持とうとする人にとって、精子や卵子は子どもを持つ（という目的を達成する）ための道具・手段として利用される。また、研究のために精子・卵子が利用されることもあるが、このとき精子や卵子はある研究目的を達成するための道具・手段として利用される。人から採取する精子・卵子と、キメラ動物体内で作られた人の精子・卵子が機能的に同等であると証明されれば、生殖や研究に利用する際の有用性はどちらも変わらないだろう。したがって、生殖に用いるにせよ、研究に用いるにせよ、精子や卵子は道具的価値を持つと言える。

② 動物の福祉に反する

反論の二つ目は、動物体内で人の精子・卵子を作る研究が、動物の福祉に反するというものだ。

ところで、動物実験によって期待される目的（私たち人の利害）と、動物を研究に利用するという手段（動物の利害）ははたして釣り合うのか。現在、動物（有感性を持つが、自己意識は持たない動物）の研究利用は、たとえば科学・医学の発展のために広く正当化されている。このとき、有感性や自己意識は、それを持つか持たないか（ゼロか百か）ではなく程度問題（どの程度あるか）だと考えられている。つまり、同じ有感性を持つ動物でも、通常、マウスよりはブタ、ブタよりはサルというように、動物の種類に応じて動物実験を正当化する難易度が変わるということだ。

パラシオス＝ゴンザレスによれば、こうした動物実験の倫理的正当化は、動物の体で人の精子・卵子を作る場合にも同様に当てはまる。動物の体で人の精子・卵子を作る行為が倫理的に認められるかを判断する際にも、その行為によって期待される目的（私たち人の利害）と動物を研究に利用するという手段（動物の利害）が釣り合うかどうかに依るからである。

パラシオス＝ゴンザレスは、研究用の卵子が慢性的に不足している現在の状況下では、人命の救済や、人の苦痛や苦悩の軽減を目指す医学研究のために、動物の体で人の卵子を作り、それを研究利用することは倫理的に正当化されると言う。さらに彼は、研究用の卵子のニーズが高いという事実は、人の卵子を持つキメラ動物を生み出すのを積極的に推進すべき理由になるとさえ言うのだ。これは思い切った主張のようにも見えるが、科学的妥当性があり、かつ代替手段もない場合には、動物の体で人の精子・卵子を作ることは認められる（むしろ推進すべき）という、合理的な議論だと言える[17]。

精子・卵子のヒト化は問題か

精子・卵子のヒト化は、脳のヒト化と比べて議論が単純である。

まず、パラシオス＝ゴンザレスは精子・卵子の内在的価値に言及している。一つ例を挙げると、子どもを持つために卵子を凍結し、不妊治療を行っている女性にとって、数の限られた凍結卵子はどのようなことがあっても守らなければならない特別な価値を持っている。つまり、関係的特性に依拠して、卵子（または精子）は道徳的地位を持つと言える。しかし、たとえそうだとしても、動物が人の精子・卵子を持っていることで、精子・卵子の価値が損なわれることにはならないだろう。その意味で、パラシオス＝ゴンザレスの価値に訴える議論は妥当である。

残虐な行為を禁止する原則に従えば、理由なく動物体内で人の精子・卵子を持つキメラ動物を生み出すべきではない。しかしこれは、その研究でなければならない理由があれば、倫理的に正当化される場合があるということを意味する。パラシオス＝ゴンザレスは、特に研究用の卵子が大量に必要な場合には、人の卵子を持つキメラ動物を生み出す積極的な理由になると言う。もちろん彼の議論の正当性は、研究用の卵子不足の深刻さや、余剰卵子を研究に利用する既存のシステムにもよる。たとえば、余剰卵子を研究に利用するシステムを整備することで、研究用の卵子を十分に確保できるのであれば、人の卵子（・精子）を持つキメラ動物を生み出す必要性はないと言えるかもしれない。

脳のヒト化と同様、精子・卵子のヒト化に反対する人が多いことは想像に難くない。その意味では精子・卵子のヒト化、すなわち、人の精子・卵子を持つキメラ動物を生み出してよいかについても、**尊重を推移させる原則**に従い、社会の構成員の意見を汲み取り、最終的な判断を下すべきだろう。これを支持しない人が多ければ多いほど、そしてそのように判断する理由が正当なものであればあるほど、たとえ得られる利益が大きくても認めるべきではない。反対に、人の精子・卵子を持つ動物を生み出すことを支持する人が多ければ、これを禁止する理由はなくなるだろう。

容姿の生物学的ヒト化は問題か

次に容姿のヒト化の二つの側面を検討しよう。一つ目の容姿の道徳的ヒト化とは、人とも動物とも判別し難い容姿（体の形状）を持つことを指す。二つ目の容

図5　容姿が生物学的にヒト化した動物、すなわち、皮膚（の一部）が人の細胞で構成されている動物

姿の生物学的ヒト化とは、一見して容姿は人ではなく動物であるものの、目視できない程度に皮膚（の一部）が人の細胞で構成されている場合である（図5）。キメラ動物が人の容姿（体の形状）を持つ可能性は低い[18]。たとえ人の容姿を持つわずかな可能性があったとしても、胎仔の段階で把握できるので未然に防ぐことができるだろう。したがって、あえて容姿が道徳的にヒト化したキメラ動物を生み出す必要がない限り、この問題を真面目に扱う必要はないように思われる。そのため、考える必要があるのは、容姿の生物学的ヒト化の問題である。

この問題については、人の細胞の価値が損なわれる、または動物の福祉に反するといった想定される反論に応答することで対応できるだろう。まず前者に関して、動物の体皮が人の細胞で構成されていることで、人の細胞の価値が損なわれると考えるのは適切ではない。人の精子・卵子と同様、誰かにとって体の細胞が内在的価値を持つとしても、人の細胞が動物の体にあることでその価値が損なわれることはないだろう。

次いで後者に関して、体皮が人の細胞から成るキメラ動物を意図的に生み出すことに科学的妥当性があるのか、またもし妥当性があるとしたら、それを達成する代替手段はあるのか、が問題になるだろう。確かに、人の皮膚が必要になることはあるだろう。たとえば、火傷による損傷部位に生物学的にヒト化したキメラ動物の皮膚を移植するような場合である[19]。この例に限らず、人の皮膚が必要で、それを代替する手段がないのであれば、動物の体で人の体皮を作ることは倫理的に正当化されるように思われる。

これらの懸念とは別に、中には容姿の生物学的ヒト化に強い嫌悪感を抱く人もいるだろう。私は、脳や精子・卵子のヒト化に比べてこの問題がそれほど深刻とは考えていないが、もし多くの人がこの行為を認めないと判断するのであれば一考の価値がある。とはいえ、ここで注意すべきは、この行為を禁止することが、すでに多数行われている人と動物のキメラ研究、またそうした研究の成果を基に行われている医療の禁止も要求するかもしれないという点だ。こうした帰結が受け入れられない場合、社会でこの懸念を妥協、または解消する必要があるだろう。

道徳的地位が不確定になる

近年、キメラ動物を生み出すことに対して、根本的な疑義が呈されている。生命倫理学者のジュリアン・コプリンとドミニク・ウィルキンソンが「道徳的不確定性（moral uncertainty）」に訴える議論で[20]、人の臓器を作るためにブタを研究利用することの是非を問うたのだ。コプリンとウィルキンソンはまず、道徳的地位に関する解決困難な問題が二つあることを指摘する。一つは何を根拠に道徳的地位を付与するかに関して合意が得られないという問題、もう一つは、人以外の動物が道徳的地位の根拠となる能力を持っていることを知る方法がないという問題だ（前者は哲学的な問題、後者は認識論的な問題である）。

現在、私たち人が持つような高次の認知能力を持たないとされるブタは、ある程度の道徳的地位を持つとしても、完全な道徳的地位を持たないため、食用や研究に用いることが倫理的に正当化されている。しかし、もし人の臓器を持つキメラブタが人と同程度の認知能力を獲得すれば、それは完全な道徳的地位を持つと言えるかもしれない（ロバートとベイリスはこの能力を人らしさと呼び、カーポウィッチたちは心理的能力と呼んだ）。これはキメラ動物の作製に対する従来の懸念だ。コプリンとウィルキンソンは、動物の認知能力に関する研究成果も交えながら、そもそもブタが道徳的配慮に値する洗練された認知能力を持つ可能性があることを示し、人とブタのキメラ研究に対する懸念が妥当ではないと主張する[21]。

彼らのいう道徳的地位に関する二つの問題を考慮すれば、ブタの道徳的地位は不確定ということになる。実際、ブタが洗練された認知能力を持っていることを示す科学的根拠があるため、予防原則を適用し、人の臓器を作るための研究（または食用）にブタを利用すべきではないと言うのだ。彼らにとってブタを研究利用することは、生後間もない新生児から臓器を摘出し、移植に利用することと変わらない。新生児の研究利用が認められないなら、ブタの研究利用（またブタの食用）も止めるべきだと言うのである。

道徳的地位の不確定性に訴える議論から学ぶこと

私はまず、彼らが道徳的地位の不確定な存在者の事例として類比的に新生児を取り上げることに同意しない。人権を尊重する原則に従い、新生児も道徳的行為者と同等の道徳的権利を持つと見なすべきであり、内在的特性（彼らのいう認知能力）のみに依拠して新生児とブタを類比的に用いること自体が誤りだと考えるからである。

ただし、彼らの主張には学ぶべき点もある。認知能力がそれほど高くないと考えていた動物が、実は高い認知能力を持つ可能性があるならば、その可能性を低く見積もるべきではない。たとえ既存の研究利用（や食用での利用）に大きな変更を要求するとしてもである。高い認知能力ゆえにブタが私たちの考える以上に大きな苦痛や苦悩を感じるなら、ブタを研究利用する際には相応の正当化根拠と配慮が必要だろう。この点については、コプリンとウィルキンソンが行うように、最新の科学的知見も活用しながら、人と動物の利害の比較考量、人の利益と動物の害悪の比較考量、さらに代替手段の有無も見極めなくてはならない。

4　私たちはキメラ動物にどのような道徳的義務を負うのか

これまでは、キメラ動物を生み出すことに対して提起される代表的な論点——道徳的混乱が生じる、人間の尊厳が侵害される、動物がヒト化する、道徳的地位が不確定である——を概観し、道徳的地位の観点からその問題点を論じてきた。以下では、これまでの議論も踏まえ、私たちがキメラ動物にどのような道徳的義務を負うべきかを明らかにする。

動物実験の倫理

現在、動物実験は世界中で広く行われている。そこでは、動物の研究利用を適切に進めるため、1959年にウィリアム・ラッセルとレックス・バーチが提唱した三原則、置換（Replacement）、削減（Reduction）、改善（Refinement）——略して3R——を遵守するのが一般的である。3Rとは以下の通りだ[22]。

① **置換**……動物を用いる試験を、動物を用いない、あるいは系統発生的下位動物を用いる試験法により代替すること。
② **削減**……試験法の改良や見直しにより、評価に必要な情報の精度を欠くことなく、実験動物数を減らすこと。
③ **改善**……動物に与える疼痛や苦痛を和らげる、除去する、あるいは動物福祉を向上させるように実験方法を改良すること。

特に重要なのは①である。①の置換は、動物を研究利用する場合、実験動物の種類に配慮するということだ。つまり、マウスやラットなどの小型動物よりはブタやヒツジなどの大型動物、またそうした大型動物よりはサルなどの霊長類の方が利用するための強力な理由が必要になる。もちろん、何が何でもまずは小型動物で実験しなければならないというわけではない。実験によっては小型動物を利用する必然性や理由がなく、大型動物、または霊長類を利用する方が妥当と見なされることもある[23]。ちなみに①に関連して、生命倫理の議論では目的を達成するための代替手段があるかどうかを判断する「補完性の原則（principle of subsidiarity）」がしばしば採用される。補完性の原則と並んで採用されるのが、目的と手段が釣り合うかどうかを判断する「比例性の原則（principle of proportionality）」である。次に、この原則の基となる平等原則を見てみよう。

アリストテレスの平等原則

アリストテレスは（プラトンの議論を基に）、「同様の事例は同様に扱うべし」とする形式的平等の原則を打ち立てた[24]。同様の事例を十分な理由なく違う仕方で扱うのは矛盾しているし、不合理だというわけだ。アリストテレスは、この形式的平等をさらに正確に規定することで、「比例的平等（proportional equality）」を定式化する。この比例的平等では、平等、または不平等を正当化するために用いられる根拠が問題になる。いつ、どのような特徴がある場合に、類似の事例を等しいもの、等しくないものと見なすのかが問題になるということだ。

この考え方に依拠すれば、通常の動物実験では二つの不平等が正当化されていると言ってよい。まず、人とそれ以外の動物を異なる仕方で扱うことは正義に適っている。それは人とそれ以外の動物が持つ内在的特性が違うからだ。次いで、動物の種を異なる仕方で扱うことも正義に適っている。同じ動物とは言え、動物の種によって内在的特性の程度が異なるからである。

ここから、動物実験A（医学の発展のために動物を研究利用すること）が認められるのであれば、特段の理由がない限り、動物実験B（医学の発展のために人の臓器を持つ動物を研究利用すること）も認められるという合理的な結論が導かれる。動物のヒト化をめぐる議論で、デ・ロス・エンジェルスやヒュンたち、またパラシオス＝ゴンザレスが、一般的な動物を用いた研究とキメラ動物を用いた研究の類似性に訴えていたが、彼らは比例的平等に訴えていると言えるだろう。

利害の比較考量／利益と害悪の比較考量

特段の理由がない限り、動物実験Aと動物実験Bを同じ仕方で扱うというのは極めて合理的だ。しかし、そもそも人の利害がどの程度大きければ、動物の利害を損なうことが正当化されるのか。言い換えれば、人が享受する利益がどの程度大きければ、動物が被る害悪が正当化されるのか。これを判断するのはなかなか難しい。

2017年のノーベル文学賞に輝いたカズオ・イシグロは『わたしを離さないで』の中で、クローン人間が移植を希望する患者（クローン人間ではない人）に対して健康な臓器を提供するという、常識的には受け入れ難い仮想的世界を描いた。おそらく多くの人がこのようなことは思考を働かせるまでもなく認められないと考えるだろうし、**道徳的行為者の権利を尊重する原則**を支持する私がこれを認めないことも分かってもらえるだろう。道徳的行為者に対しては、完全な道徳的地位を等しく与えるべきである。

しかし『わたしを離さないで』では、臓器提供を受けるレシピエントの利害（クローン人間の臓器を用いることでレシピエントが得る利益）を、臓器を提供するドナーの利害（ドナーの未来が失われることや身体的・心理的な苦痛・苦悩などの害悪）に優先することを正当化している。利害関係者が同じ人間同士であれば、両者の利害を比較考量したり、利益と害悪を比較考量したりするのは想像しやすいだろう。その分、この問題の不正さも理解しやすい。

それに対して、人の臓器を持つキメラ動物を生み出す研究では、人の利害（利益）と動物の利害（害悪）の比較考量が行われる。カズオ・イシグロの世界と異なるのは、言うまでもなく、人（クローン人間）か動物（キメラ動物）かの違いである。また、比較考量で想定される利益を確実に得られる保証がない点も異なる。つまり、本章で扱う人の臓器を持つキメラ動物を生み出せるかどうかは分からないし、実際にそのような動物を生み出したところで、臓器移植や病気の原因解明、創薬などといった期待される目的を達成し、人が利益を享受できる保証がないのだ。したがって、この研究を含む動物実験における利益と害悪の比較考量は、利益の不確定性を前提にしているのだ。

道徳的地位の諸原則の適用

ここまでの議論を踏まえれば、人の臓器を持つキメラ動物を生み出す研究は基本的に、他の動物実験と同様、目的と手段が釣り合う場合、かつ目的を達成するための代替手段がない場合には、倫理的に正当化されるだろう（比例性の原則と補完性の原則に従い、この行為が倫理的に正当化されると言ってもよい）。しかし、こうした公正な手続きを踏むだけでは、この問題を十分に考えたことにはならない。私たちは道徳的地位の諸原則を、動物の体で人の臓器を作る行為にどう適用すべきかを考える必要がある。

まず、**残虐な行為を禁止する原則**に従えば、有感性を持つ動物に対して不必要に苦痛を与えるべきではない。この原則は、有感性の程度に応じた道徳的配慮を要求する。人の臓器を作る研究を進めるとなれば、研究の種類、また動物の種類によっても相応の配慮を行う義務があるだろう。そして、研究で生み出され、利用される動物があまりに大きな苦痛や苦悩を被る（ことが予想される）場合、私たちが享受する利益が動物の害悪に釣り合うのかを再考しなければならない。これは、得られる利益がいくら大きくても、動物の研究利用が正当化されない場合があるということだ。

また、**生態系や生態系にとって重要な存在者を配慮する原則**も考慮することになる。たとえば、アメリカではチンパンジー（類人猿）を絶滅危惧種に指定し、チンパンジーを用いたすべての研究を禁止している[25]。これは、チンパンジーなど特定の動物種の研究利用はどのような場合でも正当化されないことを意味する。また、チンパンジーを含む類人猿が（私たち人と同程度ではないとしても）自己意識を持っていることは広く知られている。その意味では、**道徳的行為者の権利を尊重する原則**に従い、そもそも類人猿を研究利用することは倫理的に正当化されないだろう。

同様に、**社会的共同体に属す、人以外の動物を尊重する原則**に照らせば、ある共同体において特定の動物に対して歴史的・文化的に特別の道徳的義務を負うことはあるだろう。たとえば、日本に限った話ではないが、イヌやネコは代表的な愛玩動物（ペット）である。歴史的にもイヌを家族の一員と見なしてきた国もあり、最近では愛玩動物ではなく、伴侶動物（コンパニオン・アニマル）という呼称も定着してきた。個人のペットに限らず、社会において特別な関係性を構築している動物に対して、私たちは特別の道徳的義務を負うべきなのである。

また、**尊重を推移させる原則**は、ある個人または集団が何らかの理由（個人的、宗教的、その他の理由）で大切だと見なしているもの、またはすべきでないと考える行為がある場合、それを相応に配慮することを要求する。たとえば、ヒンドゥー教においてウシ、特にメスは神聖視されており、食用にすることはタブーとされている[26]。同様に、イスラームにおいてブタは不浄な動物とされており、触れることすら許されていない。これらの事実から、少なくともヒンドゥー教圏でウシを研究利用しないこと、イスラーム圏でブタの体で作られた人の臓器を移植しないことといった結論は導かれるだろう。ある共同体において、特定の動物種の利害を動物一般の利害よりも高く見積もることは十分に理解可能であるし、できる限りその配慮を尊重すべきである。

さらに、ある共同体で多くの人が脳死臓器移植（脳死者からの臓器提供）に反対しているとしよう。その場合、脳死臓器移植を認めるかどうかの判断において、多数派の意見は脳死臓器移植を（少なくとも一時的に）禁止すべき良い理由になるだろう。しかし、社会の価値観は必ずしも不変ではない。どんな技術や制度も社会への導入期には反対が大きいものである。価値観や態度は変わりうるため、その行為の必要性が高まれば高まるほど、社会に開かれた議論を継続することが大事である。そうした議論の結果、ある共同体では動物の体で人の臓器を作ることを例外なく禁止し、反対に別の共同体では条件付きで容認するという結論が導かれたとしても、それは尊重に値すると言える。

最後に、これまでの議論をまとめるとともに、それを応用してキメラ動物をめぐる日本の議論のあり方を批判的に検討することにしよう。

動物の体で人の臓器を作ってよいか

私は、動物の体で人の臓器を作ることは倫理的に正当化されると考えている。その行為には、生物学的にヒト化した脳を持つキメラ動物、人の精子・卵子を持つキメラ動物を生み出すことも含まれる。現在、この研究は、臓器移植や病気の原因解明、創薬などがその主たる目的として想定されている。今後、研究が順調に進むかどうかは分からないものの、日本を含む国際社会が直面する移植用臓器の慢性的な不足を解消し、根本的な治療法のない病気や難病の根治治療に道を拓く可能性を考慮すれば、それらは研究を進める十分な理由になるだろう。

とはいえ、この問題に関する最大の懸念事項である動物のヒト化の問題については、道徳的ヒト化と生物学的ヒト化に分けて考える必要がある。たとえば、脳のヒト化に関して、私たちが問題にしなければならないのは道徳的ヒト化であって、生物学的ヒト化でないのであれば、デ・ロス・エンジェルスやヒュンたちの提案する、生物学的にヒト化した脳を持つキメラ動物を用いた研究も倫理的に正当化される可能性がある。もちろんそれが科学的・医学的な目的を達成するためにどの程度必要なのか、またその目的を達成するために代替手段はないのかといった点は慎重に検討しなければならない。

それと同時に、このようなキメラ動物を生み出すことに多くの人が反対する場合、それによって得られる恩恵がいくら大きかったとしても、それを（少なくとも一時的に）禁止すべきだろう。ただし、ここで注意すべきは、胚盤胞補完法を用いたキメラ動物の作製を一時的に禁止するという判断は、すでに行われている動物実験も（少なくとも一時的に）禁止することにつながるかもしれないということだ。この問題を解決するためには、期待のみ、あるいは懸念・不安のみに依拠して認めるべき、認めるべきでないと判断するのではなく、広く動物実験の枠組みの中にキメラ動物の作製を位置づけ、その是非について（国際）社会で議論する必要がある。

2001年に日本は、人への移植用臓器を作るための研究に限定し、動物の胚に人の細胞を移植することを容認するルールを設けた。この研究で作られた胚については、受精後14日間、または原始線条（初期発生における臓器分化の開始）が形成されるまでの期間、体外で培養することを認める一方で、人の胎内はもちろん、動物の胎内に移植することを禁止していた[27]。

2019年、このルールが大幅に改訂され、目的を限定せず、キメラ動物の作製が認められた。目的を限定しなかったのは、すでに述べた通り、臓器移植や病気の原因解明、創薬以外にも科学的・医学的に妥当な目的が出てくるかもしれないと考えたからである。また、ルール策定に至る議論の過程で、動物のヒト化は生じないという報告書をまとめつつも、キメラ動物を生み出すうえで動物のヒト化が生じないことを段階的に確認するという予防措置を講じることにした[28]。これはかねてよりイギリスやアメリカなどでも議論されてきた、動物のヒト化（脳、精子・卵子、容姿）への懸念からである。

日本ではこれまで動物のヒト化が起こる可能性はあるのかどうか、またどうすれば動物のヒト化を回避できるのかなど、技術的な問題の検討に重点を置いてきた。しかし、そもそもなぜ私たちが動物のヒト化を問題にしなければならないのかを根本的に論じていない。本質的な議論を避けることの問題は明らかだろう。端的に言えば、動物の体で人の臓器を作る研究において、何がどこまで認められるべきかという問いに答えられないことである。この問題は多くの人にとって想像すらしていなかった存在者を生み出す行為、たとえば、生物学的にヒト化した脳を持つキメラ動物や、人の精子・卵子を持つキメラ動物を生み出す行為によって顕在化する。

こうした行為の倫理的是非は、キメラ動物の作製において私たちがいったい何を問題にしているのか、言い換えれば、私たちは何に対して道徳的義務を負うのかを明らかにしておかなければ答えることはできないだろう。本章では、こうした課題に対して議論の道筋をつけ、私なりの答えを出したつもりだ。

ここまで読んでくれた人には、本章を通して、生命倫理の議論で特に論争となるのが、人らしさを代表する「脳」や「精子・卵子」の問題だということは分かってもらえたと思う。次章では、この問題に迫っていくことにしよう。

コラム3　ES 細胞、iPS 細胞

ES 細胞とは、着床前の胚から作製される幹細胞で、「胚性幹細胞（embryonic stem cells)」と呼ばれる。人の場合、受精後５～７日が経過した胚盤胞から内部細胞塊を取り出し、培養することで作られる。胚盤胞は内部細胞塊と栄養外胚葉から成り、内部細胞塊は胎児、人へと成長し、栄養外胚葉は胎盤へと成長する。マウスでは 1982 年に、ケンブリッジ大学のマーティン・エバンス博士が、人では 1998 年に、ウィスコンシン大学のジェームズ・トムソン博士が作製に成功した。

一方で、iPS 細胞とは、皮膚や血液など体細胞に複数の初期化因子、または転写因子（DNA に結合することができるタンパク質の一群のこと）と呼ばれる遺伝子を導入し、作られる細胞で、「人工多能性幹細胞（induced pluripotent stem cells)」と呼ばれる。マウスでは 2006 年に、人では 2007 年に、京都大学 iPS 細胞研究所の山中伸弥博士が初めて報告した。2012 年、山中博士はノーベル生理学・医学賞を受賞している。

ES 細胞も iPS 細胞も、多能性と呼ばれる能力を持つことから「多能性幹細胞」と呼ばれる。多能性とは、主に二つの特徴がある。一つは、自己増殖能。これは、科学者が増やしたいだけ、その細胞を増やすことできるというもの。もう一つは、他分化能。これは、その細胞から、私たちの身体を構成するすべての細胞（胎盤の細胞を除く）を作ることができるというものである。現在、ES 細胞や iPS 細胞を用いて、再生医療、病態解明、新薬開発、新薬評価（毒性検査）を目指した研究が進められている。

ES 細胞と iPS 細胞の最も大きな違いはその作製方法にあり、人の場合、iPS 細胞は ES 細胞に必要であった「胚の破壊」という倫理問題を回避したと言われた。しかし、この二つの細胞は相互補完的に進められており、必ずしも iPS 細胞が ES 細胞に取って代わったという認識は正確ではない。

⇨ iPS 細胞に関する詳細は、京都大学 iPS 細胞研究所のホームページ（https://www.cira.kyoto-u.ac.jp/）で知ることができる。

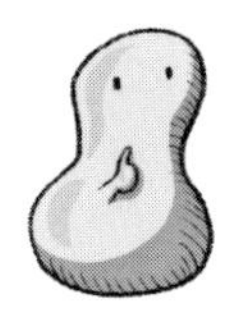

第３章
体外で胚や脳を作ってよいか
人の発生をめぐる倫理

本章のキーワード
精子・卵子、胚、エンブリオイド、脳オルガノイド、発生、14日ルール、潜在性議論、滑り坂論法、現象的意識、有感性、スライディング・スケール、ポジティブリスト制度

1　胚、エンブリオイド、脳オルガノイド

人は誰しも、一細胞である受精卵を出発点とし、胚（発生の初期段階のこと）、胎児、そして個体へと成長する。そして、その成長過程で、体を構成するさまざまな種類の細胞、組織、臓器が形成される（図1）。

近年、体外培養技術や三次元培養技術を駆使することで、こうした「人の発生（human development）」に迫る研究が急速に進展している。体外培養技術とは、生体外で胚を培養する技術のことである。三次元培養技術とは、生体外で細胞や組織を立体的に（文字通り、三次元［3D］で）培養する技術のことである。このとき作られる臓器のようなものを、臓器を意味する英語「オーガン（organ）」に「〜のようなもの」を意味する「オイド（-oid）」をつけ「オルガノイド（organoid）」と呼ぶ。したがって、脳のようなものは脳オルガノイドと呼ばれる。

この三次元培養技術を用いることで、胚を立体的に培養するほかに、ES細胞やiPS細胞など多能性幹細胞から胚のようなものを作ることも可能になっている。このとき多能性幹細胞【前章のコラム3参照】から作られる胚（の一部）のよう

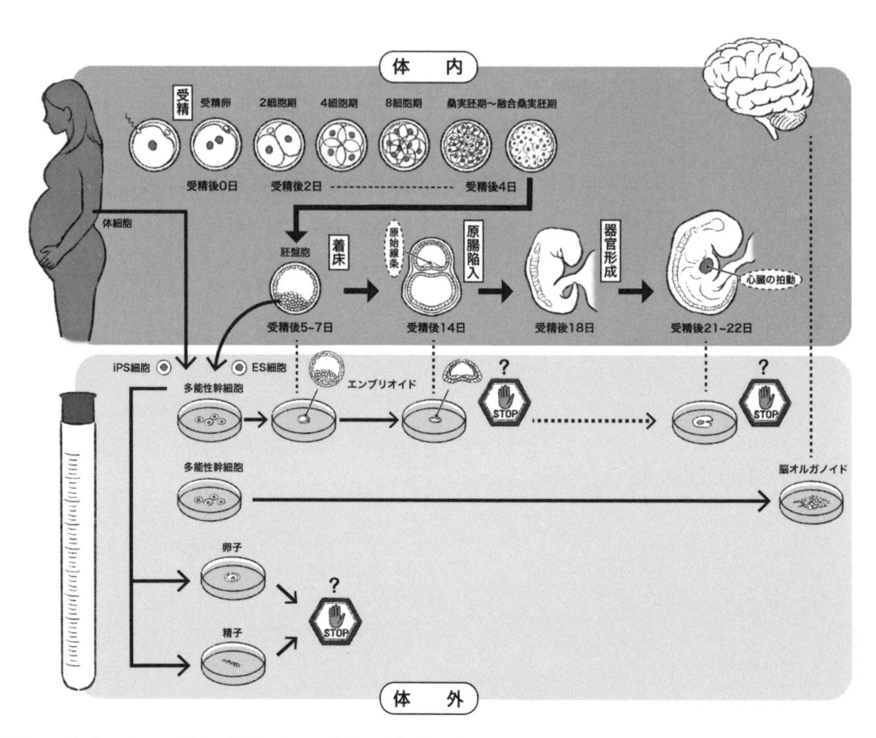

図1　体内で起こる人の発生（の一部）が体外でも再現できるようになりつつある。その一方で、受精後14日以降の胚を体外培養してよいか、どのようなエンブリオイドであれば作ってよいか、また体外で作った精子・卵子を受精させてよいかどうかがまさに今、争点となっている。ちなみに、発生の初期段階で受精後14日以降に原始線条が形成され、体を構成するさまざまな部位の始まりである三胚葉（外胚葉、中胚葉、内胚葉）に分化する。

なものを、胚を意味する英語「エンブリオ（embryo）」に「オイド（-oid）」をつけ「エンブリオイド（embryoid）」と呼ぶ（図2にあるように、エンブリオイドには発生段階に応じて名称がつけられている）。

人の発生は通常、精子と卵子が受精した後（体外受精［精子と卵子を体外で受精させること］を行った場合には胚盤胞の段階から）、女性の体内で起こる。そのため、従来、体内で起こる発生を正確に把握することは困難であった。しかし、体外培養技術や三次元培養技術を用いることで少しずつその全貌が明らかになってきている。

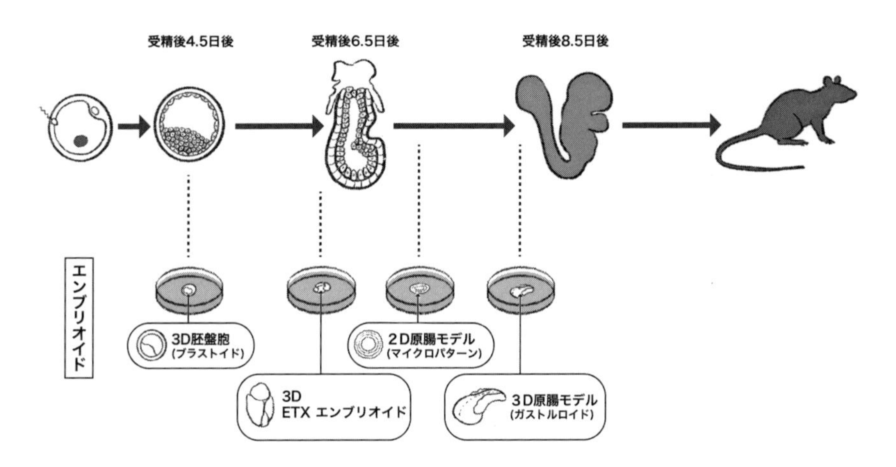

図2　マウスではすでにさまざまなエンブリオイドが作られており、発生段階に応じて名称がつけられている。たとえば、受精後4､5日頃の胚盤胞（英語でブラストシスト［blastocyst］という）に似たエンブリオイドは、ブラストイドと呼ばれている。2021年、人のブラストイドが作製されるなど、マウスで先行していた研究が人でも進んでいる。

こうした体外で培養される胚、また体外で作られるエンブリオイドや脳オルガノイドの研究に加えて、多能性幹細胞から精子・卵子を作る研究も着実に進展しており、受精以前に人体で起こる出来事についても理解が深まっている。精子や卵子、胚やエンブリオイド、そして脳オルガノイドは、人がどのように発生するのかを把握しようとする科学研究や、なぜ私たちがさまざまな病気を患うのかを解明する医学研究など、科学と医学の発展に有用だと期待されているのだ。

2　人の発生をめぐる倫理

議論のきっかけ

1970年代後半、体外で精子と卵子を受精できるようになった。体外受精技術の開発である（2010年、この技術を開発したイギリスの科学者、ロバート・エドワーズはノーベル生理学・医学賞を受賞している）。しかし、その後長らく、受精後1週間を超えて胚を体外培養することはできなかった。それが2016年、二つの研究グループが受精後13日間体外で胚を培養することに成功したのである。この成果により

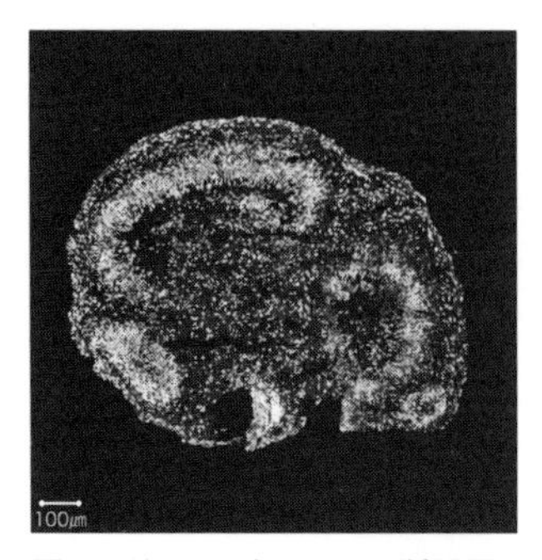

図３　脳オルガノイドの断面図。人のES細胞を試験管で培養し、形成した三次元大脳組織。通常の脳と異なり、血管や支持組織がなく、サイズも直径で1cm程度である（写真提供・坂口秀哉氏［理化学研究所］）

この分野は新たな展開を見せる[01]。このとき胚の培養は受精後13日目で意図的に中断された。後述するが、胚を体外で培養してよいのは受精後14日または原始線条の形成まで、という国際ルールがあるからだ。このルールは、私たちが胚をなぜ、またどの程度道徳的に配慮しなければならないのかという問題と関係している。

前後して、別の研究グループは、人のES細胞を体外で三次元培養し、受精後12、13日目の胚発生を模したエンブリオイドを作ることに成功した[02]。これは、人のES細胞を三次元培養したところ「自己組織化」（自発的な秩序形成）によって得られた偶然の産物だという。現在では、人よりもマウスで研究が進んでいて、図2で示した通りすでにさまざまな種類のエンブリオイドが作られている。

通常、人の胚には道徳的な配慮が求められている。たとえば、胚が（ある程度の）道徳的地位を持つと考え、胚の研究利用を全面的に禁止する国もあるくらいだ。そうでなくとも、胚の研究利用に規制を設け、条件付きで認める国も少なくない。こうした中で科学者は、胚と構造が（部分的に）似ているエンブリオイドを作り、胚の代わりにそれを研究利用できることを利点として強調する。ただし、本物の胚でないからといって、胚に似たエンブリオイドを自由に作り、研究に利用してよいのかが問題になる。

他方で、体外での脳オルガノイドに関する歴史は意外に長い。初めて人で脳オルガノイドが作られたのはこれより10年以上も前（2008年）のことである。当時はオルガノイドという言葉で表現されていなかったが、日本の研究グループがマウスと人のES細胞から三次元の大脳の組織を誘導したのである（図3）[03]。その後、脳のさまざまな部位（中脳、視床下部、脳下垂体、海馬など）が同じ方法で作られている。最近では、脳オルガノイドから新生児の脳波に似た波形が検出されたという報告がなされ[04]、「水槽の中の脳」（哲学者ヒラリー・パトナム［1926–2016］の有名な思考実験。意識を持つ存在者はすべて水槽の中に浮かぶ脳ではないかという懐疑論的な仮説。

体外で作られる脳オルガノイドの意識の可能性を論じる際に応用される）が現実になるのではないかと懸念され始めている[05]。

ここまで見てきた研究分野は、一見してバラバラだと思うかもしれない。しかし、本章で私が取り組みたいのは、人の発生の解明に向けた研究開発の現場で登場する多様な存在者への道徳的配慮や人の発生をめぐる倫理問題だ。以下では、私たちが精子・卵子、胚とエンブリオイド、そして脳オルガノイドにどのような道徳的義務を負うのか、またそれらを研究のために作り、利用することがどこまで許されるのかを順に論じることにしよう。

3　精子・卵子の道徳的地位を考える

潜在性議論と背理法

2000年代初めにマウスのES細胞から精子・卵子が作られて以降[06]、日本を含むさまざまな国が人の精子・卵子を作るために研究を重ねてきた。この間、議論の争点は体外で作られた精子・卵子を生殖に利用してよいのかどうかという点にあり（この点は第4章で論じる）、そもそも体外で精子・卵子を作ってよいかどうか、また精子・卵子をそれ自体としてどう扱うべきかという問題を真剣に考える者はほとんどいなかった。

その中で、アメリカの哲学者アルフォンソ・ゴメス＝ロボは、「胚の尊重は配偶子の尊重を含意するのか？」という論文において、精子・卵子の道徳的地位を問題にしている（配偶子とは精子・卵子のことである）[07]。彼が注目するのは「潜在性議論（potentiality arguments）」である。胚は人に成長する「潜在性（potential）」を持つから、私たちは胚を（人と同程度、または同程度と言わないまでも）ある程度は道徳的に配慮しなければならないという考え方だ。

一般的にこの潜在性議論に反対する論者たちは、「背理法（reductio ad absurdum）」を持ち出すことが多い。背理法とは、ある主張を真とした場合に、望ましくない結果が生じることを示すことでその主張を否定する論法である。その批判とはこうだ。人へと成長する潜在性を根拠に胚を道徳的に配慮するのであれば、精子・卵子も道徳的に配慮しなければならない。なぜなら、精子・卵子も受精という過程を経て、人へと成長する潜在性を持つからである。しかし、精子・卵子も潜在的な人だと見なすのはばかげているし、受け入れられない、と多くの人は考えるだろう。もしそうであれば、潜在性議論は誤っている。

ゴメス＝ロボは、精子・卵子と胚の道徳的な違いに訴えることで、この背理法を用いた議論に反論する。その違いとは、それ自体で人へと成長するかどうかである。精子と卵子は受精することで初めて、それ自体で人へと成長する「能動的潜在性（active potentiality）」を獲得する。反対に、精子・卵子はそれ自体では人へと成長しないため、受動的潜在性しか持たない（とはいえ、彼は「受動的潜在性（passive potentiality）」という用語を使用しているわけではない）。

同じことが体細胞にも言える。体細胞核移植（somatic cell nuclear transfer）を用いれば、理論的に体細胞も人へと成長する。体細胞核移植とは、卵子から核を取り除いた後に、別の人の体細胞の核を移植する行為で、体細胞の提供者と遺伝的に同一のクローン個体を生み出す技術である。この事例についても、潜在性議論に反対する者は背理法を持ち出す。体細胞が人へ成長するからといって、それを道徳的に配慮するのはばかげている、ゆえに潜在性に訴えるのは誤っているというように。

これに対して、体細胞核移植の場合は、核を取り除いた卵子の中に入れた体細胞の核がそこで初期化されることで、初めて人へと成長する能動的潜在性を獲得する。つまり、体細胞も（精子・卵子と同じように）胚が持つ能動的潜在性は持たないと反論できるのである。

ゴメス＝ロボによる潜在性の区別によれば、胚は潜在的な人と見なせるが、精子・卵子（さらに体細胞）は潜在的な人と見なせない。したがって、胚は尊重に値するが、精子・卵子は尊重に値しないのである。

精子・卵子は道徳的地位を持たないのか

ゴメス・ロボが言うように、私たちは精子・卵子に対する道徳的義務を何ら負わないのだろうか。確かに、胚は人へと成長する能動的潜在性を持つのに対して、精子・卵子（や体細胞）はそれを持たない（持つのは「受動的潜在性」である）。そのため、潜在性のみに依拠するなら、私たちが胚を尊重するように、精子・卵子を尊重する必要はない。このように潜在性の種類を区別することで、背理法を用いた批判をかわすこともできる[08]。

しかし一方で、精子・卵子の道徳的地位と胚の道徳的地位とが違うことは認めるものの、だからといって体細胞と同程度の配慮で十分だとは言い切れないだろう（少なくとも私はそう考える）。この感覚を（部分的に）説明するのが、**尊重を推移させる原則**（道徳的行為者は、個人または共同体が特別な価値を持つと見なすものを尊重すべきである）である。この原則に従えば、たとえ精子・卵子が能動的潜在性を持っていなかったとしても、ある特定の精子・卵子に対する特別の義務を説明することができる。たとえば、不妊治療を行っているカップルが持つ、生殖に利用可能な精子・卵子の数が限られているような場合や、何らかの理由で精子・卵子を凍結保存しているような場合、当人にとってその精子・その卵子は尊重に値するだろう。このとき、その精子・その卵子は道徳的地位を持つため、他の原則と対立しない限り、私たちはそのカップルの意思を尊重すべきである。

つまり、精子・卵子が道徳的地位を持つかどうかは個別の事例に依存すると言える。私たちが精子・卵子と体細胞への道徳的配慮を区別する場合があるとすれば、こうした個別事例を考慮しているのだと説明できるだろう。ただし、これは逆に言えば、精子・卵子への尊重は一般化できないということでもある。精子・卵子への尊重は、個人が大切にしている場合に生じるのであって、精子・卵子一般が常に（ある程度の）道徳的地位を持ち、道徳的・法的保護が必要な存在だとは言えないのだ。

滑り坂論法からのさらなる検討

精子・卵子（や体細胞）が持つ潜在性と胚が持つ潜在性が異なるという議論は、私たちの直観にも適っているだろう。しかし一方で、一般的に精子・卵子が道徳的地位を持たないとしても、体外で精子・卵子を作ることに反対する別の理由がありうる。その一つが「滑りやすい坂（slippery slope）」への懸念だ。これは、体外で精子・卵子を作ることを認めれば最後、望ましくない帰結を導いてしまうので、最初の一歩（体外で精子・卵子を作ること）を認めるべきではない、という議論だ（図4）。望ましくない帰結としては、たとえば、胚を単なるモノとして（道具・手段として）扱うことにつながる、または独身者がその個人のみに遺伝的つながりのある子どもを持つことになる、などである【コラム4　滑り坂論法】。

滑り坂論法には、論理的な形式と実証的な形式がある（第1章で滑り坂論法に言及した際はウォレンの議論に倣って、論理的な形式と心理的な形式に分類したが、心理的な形式と実証的な形式は同じ形式を指す）。論理的な形式の滑り坂論法とは、ある行為（命題p）を認めると望ましくない帰結（命題x）が不可避的に導かれるというものであ

図４　滑り坂論法が主張するように、最初の一歩は、坂を滑り落ちるように、望ましくない帰結を導くのか。またその可能性があるなら認めるべきでないのか。

る。一方、実証的な形式の滑り坂論法とは、ある行為（命題p）を認めると、望ましくない帰結（命題x、命題y、命題z）のいずれか、またはそれら全てを認めざるをえなくなるというものだ。

たとえば、体外で精子・卵子を作れば（命題p）、胚が単なるモノとして扱われるという望ましくない帰結（命題x）が必然的に導かれる。これは論理的な形式の滑り坂論法である。体外で精子・卵子を作る場合、その精子・卵子が通常の精子・卵子と同じような機能を持つかどうかは受精によってしか確認できない（命題q）。ここでは、体外で精子・卵子を作ること（命題p）と、その精子・卵子を受精させること（命題q）はほぼ同義である。いったん精子・卵子を受精させることが認められれば、同様の行為が繰り返される。またこれまでは、研究用の卵子や胚を入手するのが難しかったため、胚の研究利用は抑制気味だったが、体外で精子・卵子を自由に作ることができれば研究の幅も広がり、多様な研究目的に胚が利用されるようになる（命題r）。その結果として、胚が単なるモノのように扱われる（命題x）、というわけだ。

しかし、この論理的な形式の滑り坂論法は単なる誤謬と見られている。確かに命題間（命題pと命題q、命題qと命題r、命題rと命題x）の違いはないように見えるかもしれない。しかし、命題間の違いは小さくても現に存在し、その小さな違いを示すことで、命題pと命題xの間の大きな違いを示すことはできる。つまり、命題pが命題xを必然的に導かないことが示される。

他方で実証的な滑り坂論法については、予想される望ましくない帰結が現実にどの程度起こりえるのかで説得力が変わる。たとえば、独身者がその個人のみに遺伝的つながりのある子どもを持つことは道徳的に不正だとしよう。体外で精子・卵子を作ることを認めれば（命題p）、独身者がその個人のみに遺伝的につながりのある子どもを持つことになるので（命題y）、最初の一歩である体外での精子・卵子作製を認めるべきではない。これが実証的な形式の滑り坂論法だ。

この議論は必ずしも誤謬と一蹴できない。というのも、命題pは命題yを導くという主張がどの程度理にかなっているかは社会状況に依存するからだ。つまり、独身者が自身の子どもを持つという帰結が導かれると主張する場合、必ずしもそれは誤謬でないことになる。たとえば、生殖医療に対して寛容な社会や、独身者が子どもを生み、育てやすい社会においては、そうでない国に比べて、この帰結が導かれ、実現される可能性は高まりそうである。また、これまでに既存の生殖医療が社会においてどのように利用されてきたのかを見ることで、この帰結が導かれそうかをある程度推定できるだろう。たとえば、非配偶者間人工授精（配偶者でない第三者から精子・卵子の提供を受けて子どもを持つこと）がどの程度社会で広く認められているのかなどだ。

したがって、潜在性議論において精子・卵子が道徳的地位を持たないという結論を導いたとしても、実証的な形式の滑り坂論法が体外での精子・卵子作製に反対する理由になるかもしれないのである。

体外で精子・卵子を作ってよいのか

それでは、私たちは実証的な形式の滑り坂論法をどの程度、真剣に受け止めるべきなのか。望ましくない帰結が導かれるかどうかは、前述の通り、社会状況によって変わるだろう。したがって、体外で精子・卵子を作った結果、どのような帰結が導かれそうかを考える必要がある。そして、もし実際に望ましくない帰結が導かれる可能性が高いのであれば、確かに最初の一歩を踏み出すべきではないと言えるだろう。

たとえば、日本社会ではどうか。現在日本では不妊治療へのニーズが高まっている。そのため、将来的に体外で精子・卵子が作られ、それが通常の精子・卵子と機能的に同等だと確認された場合、不妊症のカップルに利用を認める可能性は否定できない。そして、いったん不妊症カップルへの利用を認めれば、同性愛カップルや独身者への利用も認めざるをえなくなるかもしれない。その結果、坂を滑り落ちるように、本来は想定していなかった人に利用を認めることも考えられる。実際に日本国内でも、非配偶者間人工授精を用いて独身者が子どもを持つ事例はすでに存在している。

他方で、日本では2001年以降、体細胞核移植を用いてクローン人間を生み出すことは法律で禁止されている。人では技術的にクローン人間を生み出すことが難しいという理由ももちろんあるが、法律の実効性はある程度確認されている。同じように、体外で作られる精子・卵子を用いた生殖を法律で一律に禁止すれば、研究と生殖との間での明確な線引きを行うことができるだろう（ただし、体外で作られた精子・卵子を用いた生殖を法律で一律に禁止すべきかどうかは別途考察が必要であり、次章で詳しく論じる）。

4　胚やエンブリオイドの道徳的地位を考える

現在、人の胚の研究利用を禁止する国がある一方で、多くの国が国際的なルール（いわゆる「14日ルール」）を採用し、胚研究を進めている。このルールは、受精後14日を超えて胚を培養することを禁止するものだ。過去に行われた研究では、胚の培養が受精後13日目で中断されたと述べたが、その研究ではこの14日ルールに従ったのである。

胚研究の14日ルールの背景と規制緩和の動き

胚の研究利用をめぐる議論は、1970年代後半に体外で胚を作ることができるようになり始まった。子宮に移植する予定のない胚、すなわち、人として生まれる可能性のない胚をどう配慮するかを論じる必要が生じたのである。

1982年、イギリスの時の首相マーガレット・サッチャー政権から「人の受精と発生学に関する諮問」を受け、イギリス人哲学者のメアリー・ウォーノックを委員長とする諮問委員会が胚を用いた研究の是非について議論を開始した。1984年、その結果をまとめた報告書（ウォーノック・レポート）で示されたのが「14日ルール」である[09]。そして、この報告書で示された勧告（「体外受精から得られた人の生きた胚を、その制限［すなわち、受精後14日］を超えて研究対象として扱い、または使用することは犯罪である」）を基に、イギリスは1990年、「人の受精および胚研究法」を制定した[10]。現在、14日ルールは国際基準として定着しており、科学研究を規制するルールの成功例としても高く評価されている[11]。

それでは、なぜそもそも14日という日数が重要なのか。理由は二つある。①受精後13日頃、すなわち原始線条が形成される前の胚は細胞分裂し、双子になる可能性がある。そのため、その胚はアイデンティティの確立した「個人（an individual）」とは言えない。言い換えると、受精が個人の始まりではないということであり、それゆえ受精後14日までの胚を研究利用することは個人の生命を奪うことではないという解釈である。②受精後14日以降の胚は有感性を持ち始めると言われている。逆に言えば、胚の発生において神経細胞の分化は受精後14日以降に生じるため、それ以前の胚は有感性（苦痛や快楽を感じる能力）を持たない。ウォーノック・レポートでも、受精後14日頃に起こる原始線条の形成が感覚器官を形成し始める起点と見なせること、またその段階までに胚の培養を中止することで、有感性を持つ（苦痛を与える）心配はないことを確認し、それらを根拠に、受精後14日以降の胚の体外培養を禁止することが決定されたのである。

これに対して、それでも受精の瞬間に人の生命は始まると考えるべきだと言う人もいるだろう。実際、14日ルールを設定したウォーノック委員会も、人の発生は連続的なもので、受精後14日以前とそれ以後で区別することは恣意的であるという認識は持っていた。しかし、「人間の胚を決して使用してはならないという人々と、厳格な規制と統制の元でのみ使用してよいという人々」の価値観を仲裁するためには妥協（政治的妥協[12]）が必要だったということだ[13]。その意味で14日ルールは、規制であると同時に、胚研究をめぐって対立する価値観を仲裁する重要な役割を果たしているのである。

すでに述べたように、受精後14日を超えて体外で胚を培養できるようになったことで、14日ルールを正当化する根拠の再検討と、新たなルールの整備に向けた議論が始まっている。またこの議論の背景には、エンブリオイドの存在もある。エンブリオイドは精子と卵子の受精という通常の胚発生の過程を経ることなく、胚の全体、または一部を再現できるため、受精を起点に14日を数えるという方法が使えないからだ。

14日ルールの正当化根拠への疑念

こうした状況で、14日ルール変更を検討する中で有力になっているのが、受精後28日（または、受精後28日の胚発生と同等の段階）で研究を中止するという選択肢である。改めて確認しておくと、14日ルールの根拠になっている理由は大きく分けて次の二つだった。受精後14日（原始線条の形成）以降は、① アイデンティティが決定した個人が生まれるので、特定の個人の生命を奪うことになる。② 神経が作られ始めるため、胚が苦痛を感じるという懸念である。近年の規制緩和の動きはこの根拠に対する疑念からも起こっているのである。

生命論理学者のジョン・アップルバイとアンネリエン・ブレデンヌードは、「胚研究の14日ルールを28日ルールにすべきか？」という論文において、この二つの理由が14日ルールの正当化根拠として妥当ではないと論じる[14]。

①に関して、研究に利用される胚は、研究が終われば破壊されることが決まっている。つまり研究に利用された胚が、生殖に利用されることはない。子宮に戻すことがないということは、人になる可能性がないということである。そのため、14日ルールを28日ルールに延長したところで、研究利用される胚が人へと成長する潜在性が生じることはないと言うのだ。

②に関しては、受精後28日の段階の胚が、懸念されるような有感性を持つことはない。原始線条の形成以降、苦痛などを感じるのに必要な神経が形成され始めるのは事実だが、それによって直ちに苦痛を感じることはないのである。脳オルガノイドの議論で再び触れるが、有感性を持つのは早くて妊娠20週頃だと考えられている。

これらの理由により、アップルバイとブレデンヌードは、14日ルールを正当化する根拠が必ずしも妥当ではないと言う。研究に利用される受精後28日までの胚でさえ、人へと成長する潜在性と内在的特性（有感性）を持たず、研究の禁止が必要になるほどの道徳的地位を持たないと結論するのだ。

一方、生命倫理学者のソフィア・マッカリーは、アップルバイたちとは異なる視点を導入する[15]。どのような視点かというと、研究に利用される胚と、生殖のために女性の子宮に移植される胚とでは、同じ胚とはいえ、その道徳的地位が異なるというものだ[16]。ここでは、胚の道徳的地位にとって、内在的な要因（胚が持つ特性）とともに、外在的な要因（胚が成長するための適切な環境）が決定的に重要になる。研究に利用される受精後13日目の胚と、すでに子宮に着床した受精後13日目の胚とでは、同じ発生初期の胚であっても潜在性が異なるからだ。前者を研究利用することは認められるが、後者に危害を加えることは認められない。したがって、14日ルールを28日ルールにしたところで倫理的には何の問題もないのだ。

ただし、マッカリーの主張はあくまで胚の体外培養に関する14日ルールの限定的な緩和であり、日数制限の撤廃ではない。なぜなら、人の発生に関して未だ明らかになっていない科学的事実が、日数制限を14日から28日に変更することで明らかになるからである。受精後28日以降の発生研究は、中絶された胎児を用いて実施することができるため、胚の発生は28日目までで十分であり、それ以上の延長には合理的な理由がないとする[17]。

目的が手段を正当化する

このように、アップルバイたちとマッカリーは、14日ルールを28日に延長したとしても倫理的には問題ないことを示したうえで、規制を緩和することによって得られる利益を強調する。それは、① 原始線条の形成以降の胚発生を体外で観察できれば、この間に生じるさまざまな出来事（例：神経の発生）を明らかにできる、② 体外受精の安全性や成功率を向上させることができる、③ オルガノイド研究と組み合わせることで、受精後14日以降に形成される臓器の研究を促進できる、というものだ。③に関して、オルガノイドを作るためにも、原始線条の形成以降に臓器がどのように形成されるのかを観察できれば、その科学的知見を利用できるというのだ。

以下、マッカリーが挙げる具体的な研究目的も見ておこう。

たとえば先天性の心臓病の原因を解明する研究に、14日ルールの変更は貢献することができる。心臓は受精後16日頃、臓器の中でも最初に形成され始めるとされ、受精後28日には（厳密には受精後21〜22日目には）心臓が拍動し始める。先天性の心臓病の原因には、子ども自身の染色体異常、母体の問題（糖尿病など）、薬の服用などがあるといわれているが、受精後14〜28日の心臓が形成される期間に心臓病を防ぐための鍵があるかもしれない。したがって、受精後28日まで胚を体外培養できれば、病気の原因を解明できる可能性があるのである。

また、受精後18〜30日には神経管と呼ばれる1本の管から前脳（大脳）、中脳、菱脳（りょうのう）、脊髄が形成され始める。この神経管に生じる異常が神経管欠損症と呼ばれ、現在、発生において生じる深刻かつ頻度の高い異常の一つとして知られている。たとえば、無脳症や二分脊椎（にぶんせきつい）のような異常だ。無脳症の場合、脳や頭蓋骨の形成不全で胎児の間に死亡することがある。また二分脊椎とは、脊髄が露出し排泄障害といった下半身の運動機能障害が起こることのある先天性の異常である

（妊娠した経験のある人、また現在妊娠している人の中には、二分脊椎を予防するために葉酸を補給するよう指導を受けたことがある人もいるだろう）。したがって、この期間の胚培養が可能になれば、無脳症や神経管欠損症などの先天性異常に関する知見を得られるかもしれないのだ。

さらに流産の原因解明にも、役に立つ。流産とは、妊娠22週目までのある時点で妊娠の中断を余儀なくされることだが、多くの場合、妊娠12週までに発生する。妊娠した4人に1人の女性が知らぬ間に流産するが、こうした妊娠初期に起こる再発性流産の原因は未だに解明されていない。そのため、体外での胚発生を観察できれば、胎児の遺伝子異常や染色体異常がどの程度この流産に影響しているのかを知ることができるかもしれない。

これに関連して、通常、妊娠女性が出生前診断を行い、胎児に病気が発覚すると、中絶を選択することがある。このような場合、受精後14日〜28日に起こる出来事を解明することができれば、胎児が病気を抱えていることを理由に中絶を選択する人を減らせる可能性が高まる。これは、生殖に関係する妊娠女性の利益（健康な子どもを生むという利益）を保証することにもつながるのである。

こうした利益は、14日ルールを緩和することで得られるかもしれないことの一部だろう。アップルバイたちもマッカリーも、胚の体外培養期間を延長することが科学的・医学的に多くの益をもたらすとの認識を共有しており、これがルールを変更すべき十分な理由になると言う。このとき彼らは、比例性の原則に従い、胚研究で失う損失と、胚研究で得られる利益を比較考量し、28日ルールの採用を支持しているとも言える。

一つ断っておくと、彼らはともに、14日ルールの変更に際しては、それに至る議論を適切に行うべきだという意見でも一致している。14日ルールが科学の信頼獲得に貢献してきたことを考慮すれば、国民の声を採り入れずにルールを変更すると科学不信につながるかもしれないからだ[18]。

胚やエンブリオイドの潜在性と潜在性議論への批判

アップルバイたちやマッカリーは、人へと成長する潜在性が道徳的配慮の根拠になることを暗に認めている。マッカリーにいたっては、潜在性の有無が道徳的地位にとって決定的に重要だという見方を示す。彼らは、エンブリオイドを問題にしていないが、同じ理屈はエンブリオイドにも当てはまるだろう。つまり、胚と同じ特徴を持つエンブリオイド、たとえば、胚盤胞と構造的に類似したブラストイド（図2）も、体外で研究利用され、その後廃棄される限りにおいて、人へと成長する潜在性を持たない。したがって彼らは、研究を目的に受精後28日の発生段階まで培養することや、同じ段階のエンブリオイドを作製することを禁止する理由はないと考えるはずだ。

生命倫理学者のモニカ・ピオトロースカは、背理法を用いることでこうした潜在性に訴える議論を批判する[19]。すでに見たように、背理法とは、ある主張を真とした場合に、そこから望ましくない結果が生じることを示すことで、その主張の正当性を否定する論法である。潜在性を根拠にすれば、胚だけでなく、精子・卵子、体細胞も潜在的な人と言える。ピオトロースカも、潜在性を胚だけでなく、精子・卵子、体細胞へと拡張していかざるをえない点を問題視する。

中には目的や意図でエンブリオイドの道徳的配慮を決定すべきだと言う者もいる[20]。つまり、道徳的配慮が必要になるかどうかは、自然な胚かそうでないかではなく、何を目的に胚を利用するか、胚を用いて何を意図するかによって変わるという主張だ。ピオトロースカはこれが潜在性議論の抱える問題を回避する一つの方法だと認めるものの、よい解決策だとは考えない。なぜなら、目的や意図を基準にすると、生殖を目的に利用される体細胞に道徳的地位を付与せざるをえなくなるからだ。その結果、体細胞核移植を用いれば、理論的には体細胞からクローン人間が作れるようになってしまう。

ピオトロースカは結局、（道徳的配慮に関係する）内在的特性の有無のみを道徳的地位の根拠にすべきだと主張する。彼女は何を基準に設定すべきかについて明言は避けるが、その特性の候補の一つが有感性である[21]。もし有感性の有無を基準にするのであれば、胚の体外培養に関する期間は14日を大幅に超えて認めることになるだろう。たとえば、十分な科学的・医学的目的があれば、妊娠20週の胎児の研究利用さえ正当化するということになりかねない。

選択肢は14日ルールの緩和だけか

これまでの議論は、14日ルールの正当化根拠を疑い、ルールを緩和するよう促すものであった。これに対して、生命倫理学者のグラント・カステリンの議論は逆の方向性、すなわち、ルールの厳格化も示唆する議論を展開している[22]。

14日ルールを正当化する根拠の一つに、受精後14日に双子になる可能性がなくなり、アイデンティティの決定した個人が誕生するというものがあった[23]。しかし実は、受精後14日以降、原始線条が形成されてからも双子が生まれることがある。それは、結合双生児（身体が結合した状態で生まれてくる双子）の事例で、ごく稀だが（5万〜10万件に1回）起こることが分かっている。そうであれば、双子でなくなる時期として受精後14日を設定することは妥当ではないだろう[24]。

また、もし双子になる可能性がなくなって初めて個人が誕生するのであれば、それまでの存在者は何だったのかという疑問が当然湧いてくる。実際のところ、潜在性議論を支持する人は、受精後の胚をすでに潜在的な人と見なし、受精後14日、あるいは原始線条の形成以降に個人になるとは考えない。そもそも受精後14日に双子になる可能性がなくなってアイデンティティの決定した個人が誕生すると考えるのではなく、受精後、二人の個人が生まれると考えるのだ[25]。

それでは、14日ルールを正当化するもう一つの根拠、有感性の有無はどうだろうか。これはすでにアップルバイたちやマッカリーも指摘するように、有感性の有無を問題にするのであれば、受精後14日である必要は必ずしもない。受精後18日頃に神経板ができ、21日頃にその神経板から神経管が作られる。その神経管から脳や脊髄を含む中枢神経系が発生し、28日頃に前脳（大脳）、中脳、菱脳が観察され始める。しかしこの時期にはまだ有感性を持つとはいえないのだ。したがって、14日ルールを正当化する二つ目の根拠も妥当ではない。

そうなると、潜在性の議論を採用しない場合、受精後28日や、有感性を持つ兆しが見え始める（神経発生が始まる）時期で線引きを行うのは、あくまで一つの恣意的な選択肢にすぎないといえるだろう。つまり、恣意的に線引きを行うという意味では、規制を緩和するという選択肢だけでなく、規制を強化するという選択肢も当然あるというわけだ。もちろん、受精以降の胚に完全な道徳的地位を認めるのであれば、胚研究やさらには中絶を原則禁止すべきであるという結論が導かれるだろう。だが、それは現実的ではなく、受精以降の胚がある程度の道徳的地位を持つと見なし、胚の研究利用をある条件下で認めるのが妥当だろう。その場合どの段階までの胚を研究対象にしてよいかどうか、すなわち、発生のどの段階で線引きをするのかを決定しなければならない。

道徳的地位の諸原則から考える

それでは、道徳的地位の諸原則を適用しながら胚やエンブリオイドをめぐる倫理について考えていこう。ここでは、エンブリオイドはあくまで胚と同じ特徴を持ち、適切な環境では胎児、人へと成長が進むことを前提にしている。

まず、**人権を尊重する原則**（道徳的行為者性を持たないが、有感性を持つすべての人は、道徳的行為者が持つのと同等の道徳的権利を持つ）に従えば、有感性を持つ存在者への道徳的義務を負うべきである。つまり、胚であれ、エンブリオイドであれ、発生を進めて有感性を獲得した場合（すでに述べているように、その時期は早くて妊娠 20 週頃だと言われている）、私たち人と同じ権利を認めるのが妥当だろう。つまり、有感性を持つ胎児に対して不当な危害を加えてはならないと言える。だが、これは後述するが有感性を持たない胚や胎児に対しては**人権を尊重する原則**が適用されないということでもある。私たちの多くは発生初期の胚が私たち人と同じ完全な道徳的地位を持っていると考えていない点を考慮すれば、胚やエンブリオイドを用いた研究を全面的に禁止する必要は必ずしもないと考える。

だが、すでに道徳的行為者性を有する人と、将来的に道徳的行為者性を獲得する胎児（たとえば、妊娠 24 週の胎児）のいずれかを救済しなければならないという判断を迫られることがあるだろう。たとえば、母体を救命するために中絶を行うような場合だ。この場合には、**道徳的行為者の権利を尊重する原則**（道徳的行為者は、生命や自由への権利を含む、道徳上の基本的権利を平等に持つ）を、**人権を尊重する原則**に優先させ、道徳的行為者である母体を救命するという判断は倫理的に正当化できるように思われる。

上述した通り**人権を尊重する原則**のみに従うと、有感性を持たない胚や胎児は道徳的地位を持たないことになるだろう。私は、潜在的な人（受精以降の存在者）に対してある程度の道徳的地位を付与すべきだと考えている[26]。胚の道徳的地位は成長するにつれて向上するというスライディング・スケールを支持しているからだ。つまり、胚やエンブリオイドも、発生段階が進むにつれてその利用を正当化する、より強力な理由が必要になる。

それでは、有感性を持たない胚、胎児に対して、私たちは具体的にどのような道徳的義務を負うのだろうか。この点に関して私は、**尊重を推移させる原則**に従い、胚や胎児の道徳的地位を最終的に決定すべきだと考えている。というのも、胚や胎児がたとえ有感性を持っていなかったとしても、それらを道徳的に配慮すべきだと考える人はおそらく私だけではないからだ。14日ルールが日本を含め国際的に広く支持されていたことからもそれはある程度推測できるだろう。胚を潜在的な人だと見なし、道徳的に配慮すべきだと考える人が一定数いるのであれば、その見方を尊重すべきだと私は考える。

受精後28日や有感性を獲得するまで延長するという規制緩和は倫理的に正当化されるとしても（私も受精後28日までの延長は倫理的に正当化できると考える）[27]、ルール変更への反対意見が根強いのであれば、少なくとも当面は現状維持（14日ルールを維持）が賢明な判断である。胚をどのように配慮するかについて、14日ルールを採用した背景を考慮せず、科学的・医学的意義のみを理由にルールを緩和してしまうと、胚研究にとどまらず、科学への信頼が失われるおそれがある。社会で胚研究の在り方について論じた結果によっては、規制強化（14日より早い時期での線引き）の選択肢も排除すべきではないように思われる。

これまで見てきたように、胚の道徳的地位を論じる際、有感性の有無が争点の一つであった。また14日ルールは、有感性の有無というよりはむしろ、有感性の兆候の有無（神経細胞の分化が始まるという事実）を問題にしていたのだ。この受精後14日以降に有感性を持つのに必要な神経発生が始まるという点は、次に見る脳オルガノイドの問題を考える際にも重要となる。脳オルガノイドは、まさに神経発生を体外で再現しているからだ。詳しく見ていこう。

5　脳オルガノイドの道徳的地位を考える

2008年以降、現在まで、さまざまな部位の人の脳オルガノイド（大脳皮質、視床下部、腹側終脳、眼杯、脳下垂体、小脳、海馬、視床、脊髄、脈絡叢）が作られてきた。しかし、それらは構造、大きさ、成熟度の点で課題があり、今後はそうした課題を克服する方向で研究が進むと期待されている。具体的には、脳オルガノイドの各部位をより洗練させたり、結合したりすることで、より複雑な構造を持つ脳オルガノイドを作ることができるかもしれない[28]。

こうした人の脳オルガノイドは神経発生を再現できていることから、神経発生の過程を解明する基礎研究や、神経関連疾患を対象とする応用研究、また創薬や再生医療といった臨床応用などへの利用が期待されている。特に、神経関連疾患を三次元構造で再現できるのはオルガノイド研究の強みであり、科学者たちは、人の脳オルガノイドが従来の方法と比べて、より有益な疾患モデルになると考えているのだ。

このように脳オルガノイド研究は着実かつ急速に進展し、さまざまな有用性が指摘されている。その一方で、本章冒頭で触れたように、より複雑な構造を持つ脳オルガノイドが意識を持ったり、有感性を持ったりするのではないか、そればかりか、自己意識や洗練された認知能力を持つのではないかという懸念が指摘され始めている[29]。

現象的意識は道徳的配慮の根拠となるか

こうした状況の中、生命倫理学者のジュリアン・コプリンとジュリアン・サヴァレスキュは、「脳オルガノイド研究の道徳的制約」という論文において、脳オルガノイドの取扱いに関する倫理的枠組みを提案した。彼らの見立てでは、すでに作られている脳オルガノイドは意識を持っていないし、近い将来、意識を持つ脳オルガノイドが生み出される可能性は低い。しかし、今後、意識を持つ脳オルガノイドが作られると仮定し、それをどう配慮すべきかを前もって論じておくことこそが重要だと言うのだ。

彼らの議論で評価すべき点は、今後の研究の進展を見据え、脳オルガノイドを三つのカテゴリー――① 意識を持たない脳オルガノイド、② 意識を持つ脳オルガノイド、③ 高度な認知能力を持つ脳オルガノイド――に分類し、各カテゴリーに分類された脳オルガノイドを内在的特性に応じて配慮するよう提案しているところにある。

その提案とはこうだ。①に関しては、人から採取した細胞（人体試料）を用いる研究と同じルールで進めていくべきである。②に関しては、動物実験の原則を修正したものを適用し、研究を進めるべきである。③に関しては、②の研究規制に追加の制約を課し、研究を進めるべきである。②と③のカテゴリーが想定する脳オルガノイドへの道徳的配慮を詳しく見ていこう。

コプリンたちはまず、道徳的配慮が必要な脳オルガノイドとそうでない脳オルガノイドを区別する根拠を「現象的意識（phenomenal consciousness）」の有無に見出す。現象的意識とは、質的な内容を伴う主観的な経験、または「ある感じ」を伴う意識のことである[30]。コプリンたちは、脳オルガノイドが苦痛を感じる（可能性が生じる）時点こそ、脳オルガノイドがある程度の道徳的地位を獲得する最初の時点だと考える。脳オルガノイドが痛いとか苦しいという主観的経験を持ち始める時点が倫理的に問題になるということだ。ここまで見る限り、コプリンたちは現象的意識を有感性と同義で用いていることが分かる。つまり、②（意識を持つ脳オルガノイド）が問題にするのは、有感性を持つ脳オルガノイドに対する道徳的配慮なのである。以下では、特に断らないかぎり、現象的意識を有感性と読み替えて議論を進めていく。

ちなみに、脳オルガノイドは身体を持たないため、私たちが皮膚などの末梢神経にある受容器で痛いと感じるような刺激を受け取ることはない。これは、感覚入力を持たない脳オルガノイドは有感性を持ちえないことを意味している。彼らは、どのような種類の苦痛を伴うとしても、有感性を獲得するまでは人体試料を用いる既存の研究と同じように進めてもよいが、有感性を獲得した後は研究規制を設けるべきだと論じるのだ。

しかし、脳オルガノイドの有感性について論じる際、私たちは大きな問題に直面することになる。私たちは誰かに叩かれたとき、「痛い」と発話することで自身の苦痛を相手に伝えることができる。しかし、脳オルガノイドはそうした言語報告をできない。また、脳オルガノイドが有感性を持つとしても、それを測定する方法がない。

この問題に対処するために、コプリンたちは二つの方法を提案する。一つは構造で判断するというもの。通常、胎児でさえ妊娠30週頃になって初めて有感性を獲得するとされる[31]。ただし、脳オルガノイドがいつ有感性を獲得するのかを客観的に把握する手段がない点を考慮すれば、妊娠20週頃の胎児の脳の構造が一つの基準になる。つまり、それと似た構造を持っていれば有感性を持っていると判断できるし、逆にそうした構造を持っていなければ有感性を持つことはないと判断できるというわけだ。もう一つは、有感性を示唆する脳の生理学的な反応を測定し、有感性の有無や、その程度を推定する（機能的な）方法である。

そのうえでコプリンたちは、脳オルガノイドが有感性を持つかどうかを明言できない場合には、予防原則を適用してそれが有感性を持つと仮定し、配慮すべきだと言う。なぜなら、有感性を持たないと仮定して不利益を被るよりも、持つと仮定して不利益を被るほうが倫理的だからである。つまり、脳オルガノイドが有感性を持つと仮定する場合には、脳オルガノイドを通常の人体試料と同じように扱うべきではない。言い換えれば、脳オルガノイド研究には人体試料を使う研究よりも厳しい制限を課す必要があることを意味する。

もちろん、単に脳オルガノイドが有感性を持つから研究を禁止すべきだと言うのではない。人以外の動物も有感性を持っているが、私たち人の利益になる場合には、動物に危害を加えることがある程度正当化されている。つまり、動物の研究利用を倫理的に正当化する枠組みを、脳オルガノイド研究にも当てはめるべきだと主張しているのだ。

脳オルガノイドの福祉に配慮する四原則

コプリンとサヴァレスキュは、脳オルガノイドが有感性を持つと仮定する場合、その脳オルガノイドの利害を最大限考慮しなければならないと考える。脳オルガノイドが持ちうる利害とは、たとえば苦痛の回避である。同様の利害の考慮は、動物実験においてはすでに一般化している。前章でも確認した動物実験の三原則（3R）がそれにあたる。しかしコプリンたちは、この三原則では動物の研究利用を正当化するうえでは不十分であると考え、最近、生命倫理学者のトム・ビーチャムとデイヴィッド・ドゥグラツィアが提唱した六つの原則を支持している[32]。その中でも以下の四つの原則が動物実験の三原則を補完するものとして有用だと言う。

① 危害を正当化するのに十分な価値を設定するという原則

研究によって得られる利益は、実験動物への害悪を正当化するのに十分なほど大きくなくてはならない。有感性を持つ脳オルガノイドを用いた研究は、その研究によって予想される利益が、予想される害悪を上回る場合に限定すべきである。反対に、研究によって得られる利益が大きければ大きいほど、研究を制限することが難しくなる。

② 不必要な危害を加えないという原則

研究者は実験動物への害悪を最小限に抑えるべきである。従来の動物実験の三原則でいわれる苦痛軽減にとどまらず、研究目的を達成する際には、脳オルガノイドの有感性の程度が最も低いものを利用するべきである。場合によって、脳オルガノイドにゲノム編集技術などを用いて苦痛を持たないように処置する必要がある。

③ 研究者は動物の基本的な欲求を満たすべきという原則

研究者は実験動物の基本的な欲求を満たすべきである。それができない場合には科学的な目的が必要であり、その目的によって実験動物の基本的欲求が満たされないことを論理的に正当化する必要がある。

④ 危害に上限を設けるべきという原則

実験動物に対して長期間、深刻な苦痛を与えてはならず、それをする場合は極めて重要な研究に限定するべきである。意識の程度が最も低い脳オルガノイドを利用すると同時に、脳オルガノイドが被る苦痛はゲノム編集技術などを用いて軽減する必要がある。

以上の原則を基にコプリンとサヴァレスキュは、有感性を持つ脳オルガノイドを研究利用する際の倫理的枠組みとして、六つの制限を提示する。

① 研究によって予測される利益は、脳オルガノイドそれ自体に対する害悪などを正当化するのに十分なほど大きくなくてはならない。
② 有感性を持たない人体試料やオルガノイドを用いて達成できない研究目的がある場合に限り、有感性を持つ脳オルガノイドを利用するべきである。
③ 研究目的を達成するために必要な、最小限の脳オルガノイドを利用すべきである。
④ 研究目的を達成するために、必要以上に大きな苦痛を感じない脳オルガノイドを利用するべきである。
⑤ 研究によって生じる脳オルガノイドの苦痛も最小限に抑えなくてはならない。
⑥ 極めて重要な研究目的を達成する場合でない限り、脳オルガノイドに長期間、深刻な苦痛を与えてはならない。

これら六つの条件を満たしたとしても、脳オルガノイドが高次の認知能力を獲得した場合、追加の制限が必要になると言う。なぜなら、高次の認知能力を持つ脳オルガノイドは（苦痛の回避という欲求にとどまらず）多様な利害を持つかもしれないからだ。この主張に明らかなように、コプリンたちは、ある存在者がどのような利害を持つかによって、その存在者への配慮が決まると考える。追加の制限が必要になる別の理由は、脳オルガノイドの道徳的地位が向上するからである。高次の認知能力を持つ脳オルガノイドはより多くの利害を持つため、もし研究利用する場合、それを正当化するための強力な根拠が必要になるのである。

具体的には、高次の認知能力を持つ脳オルガノイドの研究においては、先の六つの倫理的枠組みに、さらに以下の四つの制限が加わる。

① 脳オルガノイドが高次の認知能力を持つかどうかを評価するべきである（脳オルガノイドの認知能力を過小評価するのではなく、過大評価するくらい慎重であるべきだ）。
② 研究目的を達成する際、必要以上に、脳オルガノイドの認知能力を洗練させるべきではない。
③ 研究目的を達成するのに必要な場合を除き、高次の認知能力を持つ脳オルガノイドの福祉に対する利害を満たさなければならない。
④ 研究によって期待される利益は害悪を正当化するのに十分大きくなくてはならない（この比較考量においては、高次の認知能力を持つ脳オルガノイドの福祉や道徳的地位を十分に考慮すべきである）。

コプリンたちは、こうした倫理的枠組みが、必ずしも現在進行中の脳オルガノイド研究を妨げるものではないことも強調する。むしろ、脳オルガノイド研究を進めることで得られる利益を考慮すれば、私たちには研究を不必要に制限しない道徳的義務があるとさえ言うのだ。

道徳的地位の諸原則の適用

コプリンとサヴァレスキュは、脳オルガノイドが持つ内在的特性に応じて、それらをどう配慮すべきかを決定する倫理的枠組みを提案した。彼らの言う三つの分類は、① 有感性を持たない脳オルガノイド（例：妊娠20週未満の胎児に相当）、② 有感性を持つ脳オルガノイド（例：妊娠20週以降の胎児の脳に相当）、③ 高次の認知能力を持つ（例：外界と相互作用ができる程度に成熟）脳オルガノイドである。コプリンたちはこの分類を基に、人体試料を用いた既存の研究や動物を用いた研究とも一貫性のある規制を設定するべきだと主張するのだ。

私は、彼らが提案する脳オルガノイド研究を規制するための倫理的枠組みにおおむね同意する。また、脳オルガノイドが有感性や自己意識を持っている可能性が高く、かといってその有無を知る術がない場合には、（コプリンとサヴァレスキュが論じるように）予防原則を採用し、それらを持っていると仮定するのが賢明だろう。これは後述するように、有感性や自己意識などの洗練された意識ではなく、ある種の意識を持つ場合でも同様である。それを持たないと過小評価するよりは、それを持つと過大評価するのが妥当だというわけだ。

人権を尊重する原則に従えば、有感性を持つ人の脳オルガノイドに対しては、私たち人が持つのと同じ権利を付与すべきである。有感性を持つ人の脳オルガノイドは、その利益がいくら大きいとしても不当に扱うべきではない。なぜなら、有感性を持つ人の脳オルガノイドを不当に扱うことは、新生児や重度の精神障害を抱える人など、自己意識は持たないが有感性を持つ人を不当に扱う（例：同意を得ずに研究参加させる）ことと道徳的には同じだからである。

残虐な行為を禁止する原則は、有感性を持つ動物の脳オルガノイドへの道徳的配慮も要求する。現在、動物の研究利用については、比例性の原則や補完性の原則を採用し、動物の研究利用を倫理的に許容している。同様に、動物の脳オルガノイドの研究利用の是非も判断する必要がある。ただし、常に目的（人にとっての利害）が手段（有感性を持つ動物の脳オルガノイドの研究利用）を正当化すると判断するのでなく、コプリンたちが示すような六つの許容条件を満たしているかどうかを確認すべきだろう。

他方で、**道徳的行為者性の権利を尊重する原則**に従えば、高次の認知能力を持つ脳オルガノイドへの配慮に関して、コプリンたちの提案は妥当ではないように思われる。この原則は、どのような存在者も、道徳的行為者性を持つ場合には、相応に配慮されるべきであるとする。つまり、自己意識を持つ脳オルガノイドを生み出した場合、人の脳オルガノイドであろうが、動物の脳オルガノイドであろうが、単なる手段として利用することは正当化できない。これは、チンパンジー（類人猿）のような自己意識を持つ存在者に対して私たちが負っている道徳的義務とも一貫している。

最後に、**尊重を推移させる原則**に従えば、有感性を持たない人の脳オルガノイドに対しても、有感性を持たない潜在的な人（胚や胎児）に対して道徳的義務を負うのと同じように道徳的義務を負う場合があるだろう。たとえば、脳オルガノイドが有感性こそ持たないものの、ある種の意識を持つとする。その際、人の脳オルガノイドに対してある程度の道徳的地位を付与すべきだと多くの人が考えるのであれば、それは研究に制限を設ける良い理由になるというわけだ。

6　体外で精子・卵子、胚、脳を作ってよいか

これまでの議論を踏まえれば私が、体外で精子や卵子、胚やエンブリオイド、また脳オルガノイドを作り、研究に利用することをある程度容認していることが分かってもらえるだろう。しかし同時に、それらへの配慮が必要だということも分かってもらえたはずだ。以下では、これまでの議論をまとめるとともに、特に14日ルールの在り方について提言する。

残虐な行為を禁止する原則に従えば、私たちは理由なく有感性を持つ存在を殺したり、苦痛や苦悩を引き起こしたりしてはならない。しかし、精子・卵子、そして受精後14～28日までの胚、同じ発生段階のエンブリオイド、また現在作られている脳オルガノイドが有感性を持つことはない。コプリンとサヴァレスキュは、妊娠20週頃の胎児がようやく有感性を持てるか持てないかといった境目にいると言う。これが正しいとすれば、胚やエンブリオイドもそれと同じ発生段階まで成長して初めて有感性を持つと判断すべきだろう。

他方で、脳オルガノイドについては、それが有感性を持つかどうかは、構造や機能を見ることである程度判断できる。構造に関しては、妊娠20週頃の胎児に類似した脳オルガノイドを作ることができるようになった場合、有感性の有無を客観的に把握する手段がなかったとしても、有感性を持っていると仮定するのが妥当だろう。逆に言えば、妊娠20週頃の胎児ほど脳が成熟していなければ、有感性を持たないと推定することも理にかなっている。

人権を尊重する原則の適用範囲かどうかは有感性の有無に依存する。したがって、人の胚やエンブリオイドが有感性を持つ段階まで成長すれば、また人の脳オルガノイドが有感性を持つと言える程度にまで洗練されれば、私たち人が持つのと同じ権利をそれらの存在者に付与すべきだろう。これは、反対に、有感性を持たない精子や卵子、胚やエンブリオイド、脳オルガノイドに私たちが持つのと同じ権利を認める必要はないということでもある。

さらに、**道徳的行為者の権利を尊重する原則**に照らせば、ある存在者が自己意識を有している場合には、私たち人が互いに認めている基本的権利をその存在者にも認めるべきだろう。本章が問題にしている存在者、すなわち、精子や卵子、

胚やエンブリオイド、そして脳オルガノイドはいずれも、道徳的行為者性を持つとは考えられない。唯一例外があるとすれば脳オルガノイドである。将来的に体外で作られる脳オルガノイドの構造が、私たちの脳の構造にさらに近づいた場合、有感性だけでなく、自己意識や高次の認知能力を持つ可能性を完全に否定できないだろう。その場合には、私たちはその脳オルガノイドを相応に扱うべきである（もちろん、現時点では脳オルガノイドが理性的に判断し、行動するという状況を具体的に想定するのは難しい）。

以上の議論を踏まえれば、現時点では有感性を持たないが、将来、有感性を持つと考えられる潜在的な人をどう扱うかが問題になる。ここで想定しているのは胚や胚と同じ構造を持つエンブリオイドである。胚を潜在的な人と見なし、私たち人と同程度ではないまでも、道徳的に配慮しなければならないと考える人は少なくないだろう。これは、**尊重を推移させる原則**の観点から補足的に説明できる。つまり、胚やエンブリオイドの道徳的地位は、私たちがそれらを潜在的な人として配慮すべきと考えるかどうかに大きく依存するというわけだ。その意味で、有感性を持つ前の胚に対してさえ、ある程度の道徳的義務を負うと考えるのはおそらく多くの人の直観にも適っているだろう。

胚と精子・卵子の区別も同様である。一般に、精子・卵子それ自体を胚と同程度に配慮すべきとは考えられていない。これは、従来の生命倫理の議論において精子・卵子そのものの道徳的地位がほとんど議論されてこなかったことからもうかがえる。したがって、精子・卵子よりも、胚に対してさらに大きな道徳的義務を負うべきという見方は適切だろう。しかしその一方で、ある特定の状況下では、たとえば、不妊カップルにとって生殖に利用可能な精子・卵子の数が限られているような場合には、その精子・その卵子に対して特別の義務が生じるのも事実である。このように個人が尊重する対象は必ずしも胚や精子・卵子にとどまらず、脳オルガノイドも含まれるだろう。ここでは、そうした存在者への尊重が、人によっても、また時代や国によっても変わりうることに注意する必要がある。

14日ルール緩和の動きをどう捉えるべきか

本章では、精子や卵子、胚やエンブリオイド、脳オルガノイドを作り、研究に利用してよいのかを論じてきた。この分野における最大の関心事は、14日ルールを維持すべきなのか、技術の開発ならびに進展に応じて変更すべきなのか、またエンブリオイドの研究に14日ルールを適用するべきなのかという点である。本章で扱った存在者の道徳的地位を決定するのが難しいのは、精子や卵子、胚やエンブリオイド、脳オルガノイドが、現時点で有感性を持たない存在者だからである。しかも、それらを研究対象にすることで、将来的に私たちはさまざまな恩恵を受けることができると考えられているのだ。

私は、胚研究の規制にはポジティブリスト制度（原則禁止とし、認められる目的を例外的に許可する方法）を導入し、認められる研究を個別に規定すべきだと考えている。これは、必ずしも「14日ルール」である必要はないと考えているからだ。人の生命は受精の瞬間から開始すると見なしつつ、各研究の目的を達成するために受精後何日目までの胚が必要なのかを個別に判断し、利用を認めるのが妥当であるように思われる（ただしその場合も、受精後28日以降の発生段階の胚については、中絶された胎児の研究利用という代替手段があるため認めるべきではないだろう）。

つまり、ES細胞（胚性幹細胞）を作るために、受精後5～7日までの胚を利用することを認めてよいかを確認したり、流産の原因を解明するために、受精後17日までの胚を利用することを認めてよいかを確認したりすることを提案したい。この胚研究のポジティブリスト制度は、明確な目的もなく人の胚を研究対象にすることを禁止するよう要求するものなのだ。なおこのルールは、エンブリオイドを用いた研究にも当てはまる。たとえば、ブラストイドのように、胚盤胞と類似の構造を持つエンブリオイドの作製とその利用については、胚に準じた配慮が求められるだろう。

もちろん、日本では受精後14日までの人の胚を「人の生命の萌芽」（人としての発生を始める前の存在者）と位置づけ、胚研究を原則禁止してきた。そして、胚の研究利用は目的次第で例外的に認めるという立場を採っている。他方で、14日ルールも採用し、受精後14日以降の胚を「人の生命」と位置づけ、研究利用することを一律禁止している。私は、これが日本の価値観を反映しており、十分に議論を尽くしたものであれば妥当な結論だと考えている。

このように言うと、国際的なルールを重視していないと思われるかもしれない。私は、各国が胚研究を適切に規制できるのであれば、必ずしも14日ルールのような国際基準が必須だとは考えていない。しかし残念ながら、各国の判断に委ねればそれでよいと考えるのは楽観的すぎるかもしれない。従来、14日ルールは、自国で十分に規制してこなかった国にとっても胚研究を行う際に遵守すべきルールとして機能してきたし、何より国際的に科学への信頼を獲得するために大きな役割を果たしてきたのも事実である。その意味で、今後も14日ルールのような日数制限を含む国際基準を維持する意義はあるだろう。もしそうであれば、胚やエンブリオイドをどう規制するのがよいかを協議したうえで、国際社会が共有できるような基準を設定していくべきである（議論の枠組みについては終章でも論じる）。単に科学的意義があるからという理由だけで、安易に14日ルールを緩和することがあってはならないだろう。

次章以降は、これまでに登場した技術（体外での精子・卵子作製やゲノム編集）にも関連して、人の生殖において生じる倫理問題を扱っていく。

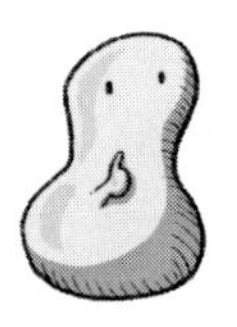

コラム 4　滑り坂論法

人はいつから大人になるのだろうか

最初に妥協してある選択をしたせいで、あたかも坂を滑り落ちるように次々と受け入れがたい選択をせざるをえなくなる。したがって、その受け入れがたい選択を回避したいのであれば、最初の選択をすべきではない。これは滑り坂論法と呼ばれるもので、さまざまな問題（例：生殖医療、安楽死、銃規制）に適用され、技術や政策の導入に反対する理由になる。これに対して、過度に恐怖を煽っているとか、論理学では滑り坂論法は誤謬であるとして一蹴されることも多い。しかし、滑り坂論法がどの程度妥当なのか、また誤謬なのかは議論の内容次第である。以下では、滑り坂論法の 2 類型、すなわち論理的な形式と実証的な形式を確認しよう。

まず、論理的な形式の滑り坂論法とは、次のような形式を取る。命題 a と命題 b が密接に関係しており、もし命題 a を倫理的に認めるのであれば、b も同様に認めなければならない。命題 b が認められるなら、命題 c も認めなければならない。「大人」を例に考えてみよう。大人とは身体的、感情的、そして認知的にも成熟している人のことを指す（と多くの人が考えるだろう）。人が一晩で大人になったと考えるのは適切ではないので、少なくとも大人になる一日前にはすでに大人であったと言えるだろう。同じように、大人になる一日前の、さらに前の日もすでに大人であったと考えるのが妥当だろう。しかし、このように考えていくと、新生児ですら大人だと言えてしまう。論理的な形式の滑り坂論法とはこのような形式を取る。

これに対して、21 歳は大人で、19 歳は大人でないというような真偽の判断を捨てる、または大人であるといえる時点を選択することで、論理的な形式の滑り坂論法を批判することもできる。前者は、21 歳は 20 歳よりは大人で、22 歳よりは子どもだが、19 歳は 20 歳よりは子どもで、18 歳よりは大人であると相対的に判断する方法である。後者は、たとえば 20 歳からが大人だと（恣意的であれ）規定してしまうことで、19 歳は大人ではなく子ども、20 歳は子どもではなく大人として両者を区別する方法だ。その結果、19 歳の飲酒を法的に禁止する根拠を確立することができるようになる。

論理的な滑り坂論法について、中絶の例を挙げ、それへの反論を見ておこう。

前提 1：仮に胎児に異常がない場合でも、妊娠 10 週で中絶することは倫理的に認められる。
前提 2：妊娠期間 1 週間では胎児の発育に劇的な変化は見られず、この間に道徳的地位が大きく変わるとは考えにくい。
結論：仮に胎児に異常がない場合でも、妊娠 11 週で中絶をすることは倫理的に認められる。

この議論を続けると、生まれる直前まで中絶する期間を延ばすことになりかねない。したがって、安易に中絶を認めることにつながらないように、中絶を認めてよい時期はなく、全面的に禁止すべきだと結論づけられうる。

おそらく多くの人が妊娠 40 週で中絶することは、母体の生命が脅かされているという場合を除いて、倫理的に認められないと感じるだろう。妊娠何週目までが倫理的に許容され、何週目以降が許容されないのかと考えるのではなく、中絶する時期が先に延びるほど倫理的に許容できなくなるというのは私たちの直観にも適っている。遅い時期での中絶の方が、早い時期での中絶に比べて、それを正当化する理由が必要になるというわけだ。また、成人の年齢を 20 歳に設定するのと同じように、中絶することが許容される時期を規定するという方法も、ある程度理にかなっている。実際、妊娠期間のある時期（日本では妊娠 22 週）で線を引き、中絶が認められるかどうかを決定することはすでに行われている。この線引きが仮に恣意的であったとしても、政策上、そうすることが賢明である場合が多い（胚研究に関する 14 日ルールも同様だ）。

次に、実証的な形式の滑り坂論法だが、これは、命題 a を認めれば、結果的に命題 b も認めることにつながりうるという、起こるか起こらないか分からない可能性に訴える主張だ。論理的な形式の滑り坂論法の方は、命題 a と命題 b が似ていることから坂を滑ってしまうと考える。実証的な形式の滑り坂論法では論理的な理由がない場合でさえ、ある選択をすれば、別の望ましくない選択をせざるをえなくなると考える。ここから、たとえば政策を決めるとき、命題 b を回避するためにも命題 a を認めるべきではない、という結論が導かれることになる。生殖医療などでしばしば適用される議論である。たとえば、異性カップルに生殖技術の利用を認めれば、同性カップルや独身者にもその技術の利用を認めざるをえなくなる、だから認めるべきではない、といった主張のことだ。

しかし、経験的な形式の滑り坂論法では、その説得性や正当性をめぐって意見が分かれる。そのため、線引きがなされる際（例：異性カップルが子どもを持つために技術を利用することと、独身者が子どもを持つために技術を利用することは違う）、その線引きがどの程度正当なものであるかを注意深く検討することが大事になる。それが、「坂を滑り落ちる」かそうならないかの鍵になるからである。

⇨ Jefferson, A. 2014. Slippery Slope Arguments. *Philos Compass* 9: 10; Wilkinson, D. et al. 2019. *Medical Ethics and Law*, 3rd Edition. Oxford: Elsevier.

第4章
体外で作られる精子・卵子から子どもを生みだしてよいか
生殖をめぐる倫理

本章のキーワード
生殖、体外での配偶子形成、不妊治療、未来世代、害悪、危害原則、ハート＝デブリン論争、非同一性問題、デザイナー・ベビー、優生学、自然さ、自然主義的誤謬、優先順位

1　親の利害、未だ存在しない未来世代の利害

前章まではキメラ動物や発生初期の「人」（精子・卵子、胚、エンブリオイド、脳オルガノイド）への道徳的義務を問題にしてきた。本章と次章では、未だこの世に存在しない未来世代への道徳的義務を問題にする。

この問題が重要なのは、親や共同体（社会）の利害と子や孫など未来世代の利害が真っ向から対立する点にある。正確には、未だこの世に存在しない未来世代は自分自身の利害を持たないので、私たち現在世代が代わって未来世代の利害について考えることになる。その際、未来世代（の声を代弁する人たち）の利害について、私たち現在世代（に生きる私たち）の間で意見が対立するのだ。そこで生じる問いは、「私たちは未来世代にどのような道徳的義務を負うか」である。

本章の主題は、「体外での配偶子形成（*in vitro* gametogenesis: IVG）」の技術、つまり（前章で取り上げた）多能性幹細胞から作られた精子・卵子を用いた生殖である（以下では特に断らない限り、これを「IVG技術を用いた生殖」と表現する）。私たちの体細胞から精子・卵子を作ることは、iPS細胞やES細胞が無かった時代には考えられ

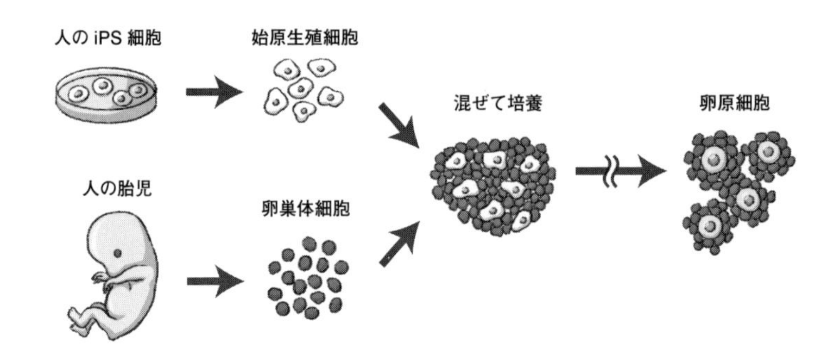

図１　人の iPS 細胞から始原生殖細胞を経て、卵原細胞（卵子の元になる細胞）を作る方法

なかったが、近年の科学の進展により現実味を帯び始めているのだ。

すでにマウスでは、IVG 技術を用いた生殖に成功している[01]。一方、人でこれまでに作られているのは、精子・卵子の元になる細胞である始原生殖細胞と、始原生殖細胞から分化した卵子の元になる細胞（卵原細胞）である。マウスと人との間でこのような差が生じている理由の一つは種の違いにある。マウスでできたことが必ずしも人でできるわけではないのだ。

また、マウスでできることが人では許されないことがある。マウスの場合、体外で作った始原生殖細胞を生きているマウスの精巣や卵巣に移植し、生体環境で精子や卵子を成熟させることができる。しかし、人の場合、研究倫理（研究に参加する被験者の保護）の観点から同様の方法を採ることはできない。そのため、胎児の組織や胎児期の生殖巣の一部と一緒に培養する方法が採られている。ちなみに胎児の組織とは、中絶された胎児から得られる組織のことで、研究者は、研究のために提供されたものを利用する[02]。

ところで、日本産婦人科学会が出している最新のデータでは、2018 年に実施された不妊治療件数は約 45 万件（内訳は、体外受精［試験管上で卵子に精子を振りかけ、受精を促す方法］92,552 件、顕微授精［顕微鏡で確認しながら一つの精子を卵子に注入する方法］158,859 件、凍結胚の融解後の移植 203,482 件）、出生数は約 5 万 7 千件（内訳はそれぞれ、3,402 人、4,194 人、49,383 人）であったという[03]。出生に至った割合を見てみると、体外受精が3.7%、顕微授精が2.6%。凍結した胚の移植が24.3%と、利用者のニーズを十分に満たしているとは言えないのが現状である。日本では、生殖技術を用いて生まれる子どものうち87%が凍結胚を移植する方法で生まれるというので、むしろ凍結胚（の融解後）の移植でなければ子どもを持つのは極めて困難と思わせるほどだ[04]。

不妊症と診断され、生殖技術を利用しているカップルは、自身の子ども（遺伝的につながりのある子ども）を持ちたいと切望している。このような状況下で、IVG技術を用いて生殖利用できる自身の精子・卵子を安全に作ることができれば、「不妊」の問題は大幅に解消されるかもしれない。しかし一方で、この技術が、家族や生殖の在り方をはじめ、法を含む社会システムに大きな変更をもたらしうることは容易に想像できる。体外受精、人工授精、代理母など生殖技術の利用のされ方を見れば、子どもを持ちたいと考えるのは不妊症と診断された人たちに限らず、同性カップル、独身の男女、閉経を迎えた女性なども想定される。重要なのは、不妊症の場合であろうがなかろうが、生殖技術を利用するかどうかの判断はすべて、親の利害（遺伝的つながりのある［健康な］子どもを持ちたい、など）だということである。同時に私たちが冷静に考えなければならないのが、未だ存在しない未来世代の利害だ。

本章では、こうした親と未来世代の利害にも注目しながら、IVG技術を用いた生殖をどの程度認めてよいのかを考えていきたい。

2　生殖をめぐる倫理

IVG技術を用いた生殖の在り方を考えるとき、私たちが取り得る選択肢は次の三つだろう。①IVG技術を用いた生殖を、誰に対しても認めない、②既存の規制で体外受精などの利用が認められている人に対してのみ認める、③②以外の人でも、希望する人に対して認める。

現在、生殖技術は「不妊治療」であれば許容されるが、それ以外は許容されないという考え方が一般的である。ある意味でこれは多くの人の直観にも適っているかもしれない。しかし、この見方は必ずしも自明ではない。すでに述べた通り、同性カップルや独身の男女、また閉経を迎えた女性など、「不妊治療」の枠を超えて技術の利用を希望する人がいるからだ。実際、不妊症のカップルに技術の利用を認めるのであれば、それ以外の人にも認めるべきではないかと主張する者は少なくない。従来は、誰に対してIVG技術の利用を認めるべきかどうかという、②や③の選択肢をめぐって議論が展開されてきた[05]。

これに対して①は、不妊治療の目的でさえ、IVG技術を用いた生殖を認めないという選択肢である。この立場を支持する立場としては、すぐ後で見るように、未来世代が被りうる害悪や人為的な生殖の不自然さに訴えることがある。

IVG技術の生殖利用は認められるのかという問いに答えるためには、そもそも認めてもよいのかという問いと、認めてよいとなれば誰に対して（優先的に）認めるかという問いを分けて考える必要があるだろう[06]。

3　生殖と害悪

生殖の意思決定では、「生殖の自由（reproductive liberty）」や「生殖の権利（reproductive rights）」をめぐって意見が割れる。生殖における親の自由や権利は最大限保障されるべきだと主張する人がいる。それに対して、子や孫など未来世代が被る害悪を考慮すれば、生殖における親の自由や権利を制限すべきだと主張する人もいる。後者の立場を取る人たちは、未来世代が被る害悪がこの問題に反対する理由になると考えるのだ。

IVG技術を用いた生殖の是非を論じる際、「害悪（harm）」は二種類に分けて考えなくてはならない。一つは、未来世代が予期せぬ健康上の問題を抱えるというもの。これは身体的な危害である。もう一つは、未来世代が精神的な苦痛や心理的な苦悩を抱えるというもの。これは心理的な害悪である。

以下では、IVG技術を用いた生殖によって生じる害悪の問題を論じる前に、生命倫理学においてしばしば言及される二つの議論、ミルの「危害原則（The harm principle）」とパーフィットの「非同一性問題（non-identity problem）」を取り上げる。いずれの議論も、害悪の問題を合理的に考えるのに役立つ考え方である。

ミルの危害原則

「人間が個人としてであれ集団としてであれ、ほかの人間の行動の自由に干渉するのが正当化されるのは、自衛のためである場合に限られる」。これは、ミルが『自由論』で提唱した、危害原則（他者危害原則ともいう）である[07]。他者に危害を及ぼさない限りにおいて、個人は幸福を追求する自由（言論の自由や行為の自由など）を持つ。反対に、他者に危害を及ぼす場合、その自由を制約することは正当化される。彼のいう危害とは、他者の身体を傷つけること、他者の財産に損害を与えること、他者の名誉を毀損すること、そして個人の自由に不正に干渉することであった[08]。

私たちはなぜ、個人の自由を守らなければならないのかと疑問に思う人もいるかもしれない。これに対してミルは、自由こそが功利の原理に適うからだと考える。つまり、個人の自由を保障することは、個人の利益、利害を考慮することであり、そうすることが全体の幸福[09]を促進することにつながるというわけだ。その意味で、個人の自由は全体の幸福の総量を最大化する限りにおいて保障されると言える。これは、社会における自由の意味、自由が許容される範囲を原理に基づいて考えるうえで重要になる。

一般的に、ある個人が他者に危害を加えるおそれのある場合、その行為に制限をかけることは正当だと見なされている。ミルの危害原則に照らせば、他者に何らかの危害を及ぼすのであれば、個人の自由は制限されることになる。ここで想定される他者への危害とは、特定の人にとっての重要な利害、すなわち、その人が持つ権利に関わる利害を損なうような場合である。

広い意味での他者への危害として、たとえば公共道徳（社会で共有されている道徳）への危害がある。戦後、公共道徳への危害を根拠に、法が個人の自由を制限してよいかどうかが争点になった。同性愛をめぐって巻き起こった「ハート＝デブリン論争」である[10]。この論争は、1957年に発表されたウルフェンデン報告書（「同意した大人同士が私的に行う同性愛行為は、犯罪とみなされるべきではない」という提言を含むもの）に端を発したものである。イギリスでは長らく同性愛（特に男性同士の同性愛）は迫害の対象になっていた。それが戦後、同性愛が社会で広く不道徳だと認められている場合、それを理由に同性愛を法で禁止できるのかどうかが論じられたのだ（ちなみに、今でこそ同性愛者を迫害するなど許されないと多くの人が考えるだろうが、戦後長らく、同性愛は精神障害の一つと理解されていた）[11]。

ハート＝デブリン論争で浮き彫りになったのは、道徳的基準を決定する際に、常識や直観（デブリンの立場）と理性（ハートの立場）を重視するアプローチがあるという点だ。倫理学者の児玉聡はこの点を次のようにまとめる[12]。デブリンは、「同意のある成人間で行われる同性愛行為であっても、公共道徳がそれを寛容の限界を超えたものと判断するのであれば、理論的には法による介入が正当化されうる」と考えた。一方でハートは、「法による道徳の強制を支持する根拠となる「法によって公共道徳を守らなければ、社会の崩壊につながる」というデブリンの主張は、実証的な裏付けがなく、一部の人々が通常の性道徳を逸脱することによって社会が崩壊するかどうかは全く明らかでないとして、公共道徳を強制する正当な理由は示されていない」と述べる。ここでは、個人の自由に対する法的な介入が正当化されるほど、同性愛が社会への害悪になるのかどうかが争点になっている。

ミルに立ち返ると、他人に危害を加えていると言えなければ、不道徳な行為を禁止したり、道徳的な行為を強制したりすることはできない。つまり、誰に対してどのような害悪がもたらされる場合に、個人の自由、利害を制限すべきなのか、またどの種類の危害（未来世代への害悪、社会全体への悪影響、人類への驚異など）をどの程度考慮すべきなのかを考えなくてはならないということだ。

パーフィットの非同一性問題

現在世代の未来世代に対する義務や責任について考える際、イギリスの哲学者デレク・パーフィット（1942–2017）が提唱した「非同一性問題」を避けて通るわけにはいかない。

パーフィットは思考実験を通して、未だこの世に存在しないが、将来存在するかもしれない潜在的な人への害悪の問題を考えた。ここでは有名な思考実験の一つ、「14 歳の少女」を取り上げよう。これは、14 歳の少女が子どもを持つことが、生まれてくる子どもにとって良いのか悪いのか、またその少女の選択をどう道徳的に評価するのかを問題にしたものだ。

> この少女は子どもを持つことを決意した。彼女は大変若いから、その子どもには人生の悪いスタートをきらせることになる。このことはこの子どもの生涯を通じて悪い結果をもたらすだろうが、彼の生は生きるに値するものだろうと予言できる。もしこの少女があと数年待てば、彼女は別の子どもを持つだろう。彼女はこの子どもに人生のもっとよいスタートをきらせるだろう[13]。

この 14 歳の少女に、今は子どもを持つのをやめておいたほうがよいと説得する人がいるならば、その人は生まれてくる子どもに人生の悪いスタートをきらせるのを防ぐためにそのように助言していると言える[14]。つまりその助言は、少女がこのタイミングで子どもを持つことが、その子どもにとって悪いということを含意しているのだ。しかし、はたしてその少女の選択が子どもにとって悪いなどと言えるのか。パーフィットはそのようなことは言えないと考える。なぜなら、もし彼女が子どもを生んでいなければ、そもそもその子どもはこの世に存在しなかったからである。「生まれてくる子どもにとって悪い」と主張することは、その子どもが存在しない方がよかったと言うことでもあるのだ。

パーフィットは、子どもが生きるに値するかしないかの二つの選択肢で問題を捉える。この思考実験では、生まれてきた子どもがこの世に存在しない方がよかったと言えない限り、14歳の少女が生む子どもは生きるに値することになる。言い換えれば、仮に生まれてきた子どもが人生の悪いスタートをきるとしても、その子どもの人生は生きるに値するし、生まれることそれ自体がその子どもにとって利益になるのである。したがって、その少女の選択には道徳的に非難すべき点はない。

要するに非同一性問題とは、14歳の少女の妊娠・出産の影響をうける子どもと、その少女が数年後に妊娠・出産をすることで影響をうける子どもの人格が同じではない（非同一である）という点に依拠し、少女の行為が生まれてくる子どもに危害を加えたことにはならないと主張するものだ。このとき、その少女が子どもに危害を加えたと言える場合があるとすれば、それはその子どもが極めて重篤な障害を抱えている場合（彼の言葉を借りれば、その子どもが生きるに値しない場合）に限られる。反対に、生まれてくる子どもに対して危害を加えていないにもかかわらず、14歳で妊娠すべきではないと主張するのであれば、その主張を正当化する道徳的理由が必要になる。14歳の少女の選択が子どもに対して危害を加えていることになると考える人たちにとって、非同一性問題は常識に反する結論を導くことになるだろう。

パーフィットを少し離れて考えてみよう。不妊症のカップルがIVG技術を用いて胚Xを作り、子どもを持とうとしている。生まれてくる子どもは、遺伝子の異常が原因で身体的な障害を抱えて生まれてくるリスクがある。このとき、胚Xを子宮に戻せば子どもXが生まれるし、戻さなければ、子どもXはこの世に存在しない。仮に子どもXを生まないと選択し、自然生殖で子どもを持った場合（その選択が可能であれば）、結果的に別の人格Y（異なるアイデンティティを持つ子どもY）が誕生することになる。ある行為や選択が人格の同一性（アイデンティティ）に関係するような場合、それは「（人格の）同一性に影響を及ぼす行為（identity-affecting action）」や「人格に影響を及ぼす行為（person-affecting action）」と呼ばれる。

この事例について非同一性問題では、IVG技術を用いて子どもXが誕生した結果、身体的な障害を抱えていたとしても、その子どもは生きるに値することになる。子どもXを生むこと（存在）と生まないこと（非存在）はそもそも比較できず、親は子どもXに危害を加えているとは言えないからだ。この事例で子どもXに危害を加えたと言える場合があるとすれば、その子どもが極めて重篤な障害を抱えている場合に限られる。つまり、生まれてくる子どもが身体的な害悪を被る可能性は、一部の例外を除いて、IVG技術を用いた生殖に反対する理由にならないのだ。

一方、この親は二人目の子どもZを持とうとしており、妊娠中の飲酒を止められていたにもかかわらず、飲酒を行ったとしよう。一般的に知られているように、妊娠中の飲酒は奇形を伴う先天性異常や胎児の発達遅延などを引き起こすリスクがある。IVG技術を用いて子どもを持つ持たないという先ほどの事例と違い、この事例には、子どもを生まないという選択肢がないので、生まれてくる子どもの同一性や人格に影響はない。親が飲酒した場合も、飲酒を控えた場合も、生まれてくるのが子どもZであることには違いない（と仮定している）からだ。胎児は妊娠中の飲酒の影響を直接的に受けるが、子どもの同一性（アイデンティティ）は変わらない。結果的に、生まれてきた子どもが妊娠中の飲酒によって障害を抱えたならば、親はその子どもZに危害を加えたことになるのだ。このようにある行為や選択が人格の同一性に影響を及ぼさない場合、それは「（人格の）同一性を保持する行為（identity-preserving action）」や「人格を保持する行為（person-preserving action）」と呼ばれる（人格の同一性を保持する行為と人格の同一性に影響を及ぼす行為がもたらす問題については、次章でも論じる）。

心理的な害悪をもたらしうる事例

IVG技術を用いて子どもを持った場合、実際にどのような害悪が想定されるのか。次の三つの事例は、従来の生殖や家族の在り方を複雑化し、結果的に生まれてくる子どもに心理的な危害を加えることになるかもしれない。

① デザイナー・ベビー

体外で精子・卵子を量産し、それらを用いて胚を大量に作る。そして、最良の子どもを持つために着床前診断によって胚を選別する[15]。この過程を経て誕生した子どもは、たとえば、親が子どもの人生の創造主になることで、自分の人生を切り拓くのは自分なのだという認識を持てなくなり、アイデンティティが揺らいでしまう[16]。このように、親子関係の非対称性が固定化してしまうこと、すなわち、子どもが反論できない状態で、親は自らの嗜好を子どもに一方的に押し付けることが懸念されている（このような懸念はすでに着床前診断による胚の選別でも指摘されている）。

② 複数の親

子どもを持つために、4人、またはそれ以上の人が遺伝的に関与する[17]。図2にもあるように、Aの精子とBの卵子から胚を作り、その胚から作られたES細胞を用いて精子を作る。他方、Cの精子とDの卵子から胚を作り、その胚から作られたES細胞を用いて卵子を作る。その精子と卵子を受精させて子どもを持てば、その子どもは4人（A、B、C、D）の遺伝情報を受け継いでいる。つまり、4人（A、B、C、D）が子どもの遺伝的親になるというわけだ。このように4人以上（ここでは4人だが）が遺伝的親になり、子どもへ4人分の愛情を注げることを

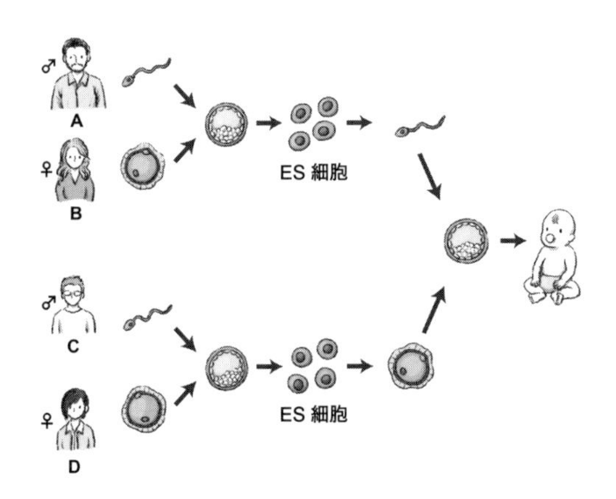

図2　ES細胞を利用して4人の遺伝的親をもつ子どもを生むプロセス

利点と見なす者がいるかもしれない。しかし、次の③とも関係するが、ABから作った胚とCDから作った胚を子どもの遺伝的な両親（A、B、C、Dを遺伝的な祖父母）と見なす場合、生まれてくる子どもの遺伝的な両親はこの世に存在しないことになる。

③ 体外での優生学

I. 異なる多能性幹細胞から体外で精子と卵子を作り、それを受精させ胚を生み出す、II. その胚からES細胞、そして精子・卵子を作り出す。このIとIIの工程を繰り返すことで、体外で複数の世代を重ねる。これを行う目的の一つは、より良い子どもを持つこと（生まれてくる子どもに望ましい遺伝的構成を獲得させること、すなわち、エンハンスメント）である。哲学者のロバート・スパローはこれを「体外での優生学」と呼んだ[18]。この技術の弊害は、遺伝的につながりのある親が子どもの生まれた時点でこの世に存在しないこと、また体外での優生学を繰り返すほどに、生まれてくる子どもと祖先のつながりが希薄化することである。親が不在である理由はすでに述べたように、生まれてきた子どもの直近の遺伝的な親が、IIの過程で生み出される精子・卵子の元になる胚だからだ。結果的に、②の事例もそうだが、生まれてきた子どもは遺伝的な親がいないことで悲しむかもしれない[19]。そしてその悲しみの原因は、遺伝的な親がこの世に存在しなかった（生まれてさえいない）こと、非常に特殊な方法で誕生したこと、などさまざま考えられるだろう。

心理的な害悪をどの程度考慮すべきか

IVG技術の利用を希望するかもしれない人は、同性カップル、独身の男女、閉経を迎えた女性、望ましい特性や能力を子どもに付与しようとする親、三人以上で親になりたいと考える人たち、優生学的な操作を試みる親など多様だ。このような新しい親子・家族関係によって子どもが被る心理的な害悪（心理的リスクの問題）は、客観的には見えにくいだけに、身体的な害悪（安全性リスクの問題）の陰に隠れがちである。

かつて、同性の親に育てられた子どもの幸福感は異性の親に育てられた子どものそれよりも高くないと言われることがあった[20]。しかし、最近の調査でそれが誤りであったことが明らかになっている[21]。また、すでに見た①～③の事例は子

図3　IVG技術の利用を誰に認め、誰に認めないのか、子どもが被りうる害悪を考慮して考える必要がある

や孫への偏見や差別を誘発するかもしれないが、同時にそこで問題となるのは、どのように子どもを持つかという生殖の在り方ではなく、偏見や差別を許容する社会の構造にあると言えるかもしれない。つまり、①〜③の事例において生まれてきた子どもが被りうる心理的な害悪は親や社会の問題であり、親や社会が子どもに適切なサポートをしたり、社会が偏見や差別を防止するための規定を設けたりすることで、子どもが被りうる心理的な害悪を減らせる可能性がある。

ただし、②と③の事例において、生まれてきた時に親が存在しないという問題をことさら強調するのも注意が必要である。生まれたときに生みの親（遺伝的な親）がいることが子どもを持つための必要条件になるのであれば、病気の親（癌でも心臓病でも寿命がそれほど長くないと見込まれる人）が子どもをつくることは控えるべきだということになりかねないからだ。もっとも、法的な親子関係が十分に保障されない場合、子どもが精神的にも心理的にも平穏に暮らすのは難しいかもしれない。反対に、法規制の整備が遅れ、心理的な害悪を被るのは他ならぬ生まれてくる子どもだという事実を考慮すれば、IVG技術を社会に導入する場合、法の整備は不可欠だろう。既存の生殖技術の社会受容を見る限り、法を含む社会システムの整備を進めることができさえすれば、未来世代が被る心理的な害悪をある程度克服できるかもしれない。

身体的な害悪をどう考慮すべきか

IVG技術を用いた生殖において最も厄介な問題は、私たちが事前に知っておくべきことすら知ることができない点にある。それほど重篤な障害を抱えることはないかもしれないが、他方で何が起こるのかが分からないという、いわゆる「知らないことを知らない（unknown unknowns）」という問題だ[22]。

身体的な害悪に関する問題について考えるとき、すでに見た非同一性問題にどう答えるかが重要になる。非同一性問題では、IVG技術を生殖利用した結果、生まれてきた子どもが身体的な障害を抱えたとしても、その子どもに危害を加えたと言うことはできない。ここでは、その方法を取らなければその子どもは生まれてこなかったという点が前提になっている。つまり、生まれてこないこと（非存在）と比較して、生まれてこないほうが良かったと言えない限り、その子どもにとって決定的な害悪にはならないのである。したがって、子どもが被りうる身体的な害悪のみに依拠してIVG技術の生殖利用に反対するのかどうかはよく考えなければならない。

IVG技術を用いた場合に、未来世代が深刻な身体的な害悪を被る可能性は否定できないし、害悪の深刻さの程度はそれを被る当事者の主観や、その当事者が置かれる環境によっても左右されるだろう。少なくとも、生まれてくる子どもがどのような身体的な害悪を被るのかを同定できるまでは、そうした害悪を過小評価するのではなく過大評価するのが妥当である。したがって、危害原則に従い、身体的な害悪の問題が合理的に解消されない限り、IVG技術を用いて子どもをもちたいとする親の利害（生殖の自由や権利）を制限すべきである。

4　自然な生殖と不自然な生殖

害悪の問題とは別に提起されるのが、この技術を用いて子どもを持つことがはたして自然なのかどうかという問題だ。これは、生殖がどうあるべきかという生殖観とも密接に関係している。一般的に生殖は、生殖能力を持つ異性カップルが行うものだと認識されている。地域や文化によって生殖がいつからいつまで可能かという認識には差があるし、生殖技術の進展でできることが増えたことから、生殖観に多少の変化も生じている。しかし、たとえば、生殖能力を失った70代のカップル、または生殖機能が発達していなかったり、扶養能力を持っていなかったりする子どもが遺伝的につながりのある子どもを持てるとしても、それを何の問題もないと考える人は少ないだろう。

読者の中にはおそらく、生殖に人為的な介入をするのは不自然だと感じる人もいるに違いない。生命倫理学の分野で、自然であるまたは自然ではないという基準が示された代表的な例は、哲学者レオン・カスの「嫌悪の知恵（The Wisdom of Repugnance）」の議論である[23]。カスは、道徳的に許されないことに対して催す嫌悪感を、合理を越えた「知恵（wisdom）」の感情表現と捉えた。たとえば、クローン人間を作る行為などが嫌悪を催すものとして批判されるのだ。これとは別に、生命倫理学者の中には、生殖への人為的介入において、何が自然で、何が自然でないか、またそう考える根拠は何か、といった問題に答えを出そうとする者もいる。

自然さへの訴えは反対理由になるか

科学技術が提起する倫理問題を論じる際、自然さに訴える議論がしばしば持ち出される。「技術Ｘを利用することは自然ではない。それゆえ道徳的に誤っている」という議論だ。ここでは、自然である、自然ではないというように、自然さで道徳の境界線が規定されている。医療倫理学者のトニー・ホープとマイケル・ダンは、こうした自然さに訴える議論が三つの意味で問題があると指摘している[24]。

第一に、何かが不自然だと表明することによって何が含意されているのかが不明だという点だ。仮に人類の10％が同性愛で、同性愛的な行動が他の種にも確認されるならば、同性愛が不自然だと言うことで何を意味するのかが判然としない。ホープたちは直接言及していないが、おそらくこのような主張では「自然ではない」を善悪に還元してしまっている。これは「善」を定義することはできないと主張したことで有名な倫理学者、ジョージ・エドワード・ムーアのいう「自然主義的誤謬（naturalistic fallacy）」に陥っている状態だ。自然主義的誤謬とは、善悪や正否を自然的な性質（自然である／自然ではない）と同一視したり、善悪や正否を自然的な性質から推論したりするもので、誤謬を犯していることになる[25]。

第二に、自然ではないという事実から、何かが道徳的に誤っているとか正しくないと結論することはできないという点だ。これもホープたちは直接的に言及していないが、哲学者デイヴィッド・ヒュームのいう「事実（である）と価値（べき）の区別」の問題である[26]。これは、ある事実から直接的に何らかの価値判断または規範を導くことができないというものだ。たとえば、ある国で死者を火葬するという事実から、死者は火葬すべきだ、そうするのが正しいという価値判断・規範は導けないことを示している（当然、土葬という選択肢もあるだろう）。

第三に、自然ではないので道徳的に誤っているという主張には数多くの反証例があるという点である。たとえば、私たちがその恩恵をうけている現代医療を考えてみればよい。ひとたびこの主張を受け入れれば、現在、広く受け入れられている医療は、自然ではないので道徳的に誤っていることになってしまう。この結論は、多くの人にとって受け入れられないだろう。

このように自然さに訴える議論はさまざまな問題を抱えている。しかしその反面、この議論が現実社会で一定の効力を持っているのも事実である。また、自然ではない（人為的な介入を伴う）生殖は、これまでも法的・政治的な関心事でもあった[27]。したがって、IVG 技術を用いた生殖が自然であるとか自然ではないと言うとき、それはそもそも何を意味しているのか、また自然ではないという事実からそれをすべきではないといかにして言えるのかという点を含め、自然さ／不自然さと道徳のつながりを考える必要がある。以下では、「人工配偶子、自然なもの、人工的なもの」という論文でこの問題を扱っている、生命倫理学者のアナ・スマジドーたちの議論を見ていく[28]。

IVG 技術を用いた生殖と不自然さ

スマジトーたちは、IVG 技術を用いた生殖の自然さをめぐる議論に主として二つの意味合いがあることを指摘する。一つは、体外で作られた精子・卵子と通常の精子・卵子との対比。たとえば、体外で作られた精子・卵子は人工配偶子や合成配偶子などと呼ばれ、通常の精子・卵子は自然な配偶子と呼ばれることがある。ここには、自然は本物で、人工ないし合成は本物ではないという含意がある[29]。科学者のジュゼッペ・テスタと生命倫理学者のジョン・ハリスなどは早くから、体外で作られる精子・卵子が、単に体外で作られただけであって、人体で生成される精子・卵子と道徳的な違いはないと指摘している[30]。

もう一つは、IVG 技術を用いた生殖が自然ではない（ゆえに、認めるべきではない）という批判である。自然妊娠がいわゆる自然な生殖だとすると、それ以外の人為的な介入を伴う生殖は自然な生殖ではないことになる。しかしこの見方は、ホープたちが指摘した二つ目の問題、すなわち、自然ではないという事実からそれが道徳的に不正であるとどのようにして言えるのかという点と関係している。これに対して、閉経女性の生殖の是非を論じた哲学者ハブ・ズワートは、「自然に働きかけている（working with nature）」と「自然に逆らっているか（work against nature）」との違いに注目することで、自然主義的誤謬を回避しようとする[31]。

この違いの具体例として彼が示すのは、骨折の治療に使われる金属製のボルトである。このボルトは折れた骨と骨を固定し、自然治癒力でくっつけるために使われる。その意味で、この介入は自然に働きかけていると言う。他方で、通常、閉経を迎えた60歳の女性が妊娠することはない（それが正常である）。その意味で、閉経女性が自身の子どもを持つことは自然に逆らっている。このようにして、前者は道徳的に許容されるが、後者は許容されないと論じるのだ。

しかしスマジドーたちは、ズワートの区別が説得的でないと考える。確かに彼が正しければ、閉経女性の生殖に対して答えを出せるかもしれない。しかし、すでに広く受け入れられている多くの医療行為（臓器移植や延命治療など）も同じく自然に逆らっており、道徳的に許容されないことになる。これは望ましくない帰結だろう。したがって、ズワートのいう「自然に働きかける」と「自然に逆らう」の区別はその妥当性が疑わしく、実際のところ意味をなさないのである[32]。

IVG技術の生殖利用の是非を論じるうえで、自然である、自然ではないという二分法を導入するのはあまりに単純である。その点、ズワートが言うように「自然に働きかけている」と「自然に逆らっている」の区別を導入し、技術の利用が認められる場合とそうでない場合に分ける試みは、問題となる技術の是非を説明しており、一見理にかなっているように見える。しかし、すでに指摘した通り、この区別を採用すると、すでに広く認められている多くの医療行為を禁止することにもつながりえる。このような受け入れがたい結論をどのようにして回避できるのだろうか。

ズワートのように、自然と不自然の間に境界線を引こうとする議論がある一方で、自然さを程度問題として捉える議論もある。具体的には、どの程度自然なのかを自然さの連続体（スペクトラム）として捉えるやり方、あるいは自然かそうでないかの区別に加えて、自然物か人工物かで区別するというやり方だ。人工物とは、人間がデザインや機能を創意工夫して作ったものを指す。この区別を用いれば、体外で作られる精子・卵子は、人の手がかかっているという意味で部分的に人工的で、通常の精子・卵子よりは自然ではないという相対評価が可能になる。

とはいえ、体外で作られる精子・卵子が、通常の精子・卵子に比べてどの程度自然なのか、またはどの程度人工的なのかという事実が、道徳的にどのような含意を持つのかは必ずしも定かではない。自然かそうでないかはそれほど道徳的に重要でないという立場の人もいるだけに、自然ではないという理由から IVG 技術を用いた生殖に反対するのであれば、同様に自然ではない医療行為にも反対することになるだろう。

スマジドーたちは、IVG 技術を用いた生殖によって、精子・卵子や生殖に対する従来の見方や考え方が変わってしまう可能性を指摘している。IVG 技術によって体外で精子・卵子を作り、それを生殖利用できるようになれば、親は否応なしに IVG 技術を利用するしないの選択を迫られることになる。これは、出生前診断で子どもの障害の有無を知るか知らないかの判断を迫られるのと構造が似ている。もっとも、出生前診断によって障害があることが判明しても、直ちに生まないという選択が導かれるわけではなく、むしろ障害の有無を把握し、生後に備える人も多いだろう。しかし、出生前診断の結果を基に出産を選択した場合、責任はその親に課せられる。スマジドーはその賛否に言及しているわけではないが、IVG 技術を利用したとしても、しなかったとしても、生殖における親の道徳的責任の範囲が拡大すること、これを問題だと考えているのだ[33]。

自然さをどの程度考慮すべきか

すでに見たとおり、自然か自然でないか、自然物か人工物かという区別を導入すると、体外で作られる精子・卵子を、部分的には人工的で、通常の精子・卵子よりは自然ではないと位置づけることができる。しかし、こうした相対評価によってどのような道徳的含意が導かれるのかは判然としない。実際のところ、精子・卵子がどの程度自然で、人工的かが判明したところで、精子・卵子そのもが持つ価値が損なわれるとは考えにくい（たとえば、iPS 細胞から目の細胞を作り、それが通常の目の細胞として機能しているとする。それが体外で作られたことでその価値が損なわれると考える理由はないだろう）。ましてや、IVG 技術を用いて子どもを持つ場合、その子どもの道徳的地位が、その他の方法で生まれた子どもの道徳的地位と異なると考えるのも妥当ではない。この点に関しては、テスタやハリスが言うように、体外で作られた精子・卵子は体外で作られただけだと私も考える。

問題は自然か自然でないか、またはどの程度自然かではない。スマジドーたちが言うように、体外で作られる精子・卵子によって、私たちの精子・卵子、また生殖に対する見方が大きく変わってしまうことが問題なのだろう。IVG 技術を生殖利用できるようになれば、親はその精子・卵子を生殖に利用するかどうかの判断を委ねられることになる。そして、その技術を使うにせよ、使わないにせよ、親の判断には道徳的責任が伴う。

自由に IVG 技術を生殖利用できるような未来がすぐに訪れるわけではないだろう。しかし、今後、体外で作られた精子・卵子が、既存の生殖補助技術と同等かそれ以上に安全に利用できるようになり、利用したいと思えば、比較的自由に、手頃な価格でそれを利用できるようになる未来も完全には否定できない。そのとき私たちは、生殖の選択（体外で作られた精子・卵子を用いて胚を作り、高い知能を獲得する確率の高い胚を選択したこと、または生まれてきた子どもが身体的な害悪を破ること）に責任を負わされ、逆に選択しなかったこと（体外で作られた精子・卵子を利用せず、自然な精子・卵子を利用したこと）に対しても責任を負わされる可能性がある。

親の選択の結果次第では、親を支援するための公的資金が削減される可能性もないとは言えない。従来、子どもの遺伝的形質は選択できなかった。病気や障害を持って生まれてくることは不可抗力であるからこそ、親にその責任は問えないと考えられ、公的に支援するという前提があったと言える。それが、IVG 技術が広く利用可能になった社会では、親がよりリスクの低い選択肢を取らなかった場合、個人の自己責任として公的支援を受けられなくなるという事態も考えられる。こうした意味でも、スマジドーが言うように、IVG 技術を用いた生殖は従来の生殖に対する見方や考え方を大きく変えてしまうかもしれない。この問題に関しては、最後に道徳的地位の観点からも読み解くことにしよう。

5　誰に利用を認めるべきか

不妊カップルとそれ以外

テスタとハリスはかつて、体外で作られた精子・卵子を生殖利用できれば、「生殖を民主化（democratize human reproduction）」することにつながると述べた[34]。それは、誰もが望めば、遺伝的につながりのある子ども、血のつながりのある子どもを持てる世界を意味する。このような世界が到来すれば、「不妊」という言葉は死語になるかもしれない。

しかし、IVG 技術を用いた生殖が（場合によって）認められたとしても、誰に利用を認めるべきかという問いへの答えは必ずしも自明ではない。不妊症と診断された異性カップルは、この技術を利用したいと希望する代表的かつ典型的な人たちだが、異性カップルに限らず子どもを持ちたいのに持てないという人は多い。同性カップル、子どもは欲しいが配偶者はいらないという独身者、閉経を迎えた女性（とそのカップル）なども大なり小なり技術へのアクセスを希望している。

独身者の中には、他者に性的欲求や恋愛感情を持たない「無性愛者（asexual）」[35]や、閉経を迎えた女性も含まれ、たとえばキャリアを優先し、時間に余裕ができた時には生殖年齢を過ぎていたという個別の事情を抱えているかもしれない。このような人たちも、不妊の異性カップルと同様、遺伝的つながりがりのある子どもを欲しいが持てないという苦悩を抱えているだろう。

これまで通り、不妊症と診断された異性カップルにのみに利用を認め、それ以外の人たちには認めないのか。この問いは、生殖や家族の在り方、また「遺伝的な親子関係（genetic parenthood）」を根本から変えうるインパクトを持っている。不妊の異性カップル以外にも同性カップルや独身者に認めるべきかどうかという論点は早くから指摘されてきた[36]。それにもかかわらず、同性カップルや独身者が遺伝的につながりのある子どもを持つことについて、真剣に検討されることは少ない[37]。以下では、「体外での配偶子形成の線引き」という論文でこの問題を詳しく論じた、生命倫理学者ローレン・ノティニたちの議論を参考にすることにしよう[38]。

治療と治療でないものとの違い

ノティニたちが問題にしたのは、異性カップル、同性カップル、そして独身者が、IVG 技術を用いて子どもを持ってよいかどうかという点だ（閉経を迎えた女性が利用することについては議論の俎上に載せてないが、彼らの議論は閉経女性の事例にも適用可能だという）。

一般に、異性カップルに生殖技術の利用が認められ、同性カップルに利用が認められないのは、前者が治療だと考えられているのに対して、後者は治療だと考えられていないからである。しかし、ノティニたちによれば、治療か治療でないかという区別は、IVG 技術の生殖利用を誰に認めるかを考えるうえで妥当ではない。医学が患者の健康に奉仕するという点では合意が取れていても[39]、医学的介入が治療か治療でないかは、私たちが病気に対するどの見方を支持するか、健康をどのように解釈するかで変わるからだ。

たとえば、生物統計学の観点から見れば、病気は正常な機能の喪失と定義される[40]。通常、異性カップルは自然に子どもを持てると考えられているが、身体的・心理的な理由によりそれが叶わないことがある。その場合、治療によって失われた正常な機能（生殖能力）を回復したり、その機能を生殖技術で補完したりすることが正当化される。他方で、同性カップルはそもそも人為的な介入なしに遺伝的つながりのある子どもを持つことはできない。そのため、同性カップルが生殖技術を用いることは治療と見なされない。この議論は、不妊の異性カップルには技術の利用を認め、それ以外の人にはそれを認めない医学的理由があることを端的に物語っている。

しかし、ノティニたちは「状況的に不妊（situationally infertile）」の状態にある二つの事例を通して、そのような扱い（異性カップルに生殖技術の利用を認め、同性カップルにそれを認めない）が不当だと主張する。一つ目は、状況的に不妊の状態にある異性カップルの事例、二つ目は、状況的に不妊の状態にある同性カップルの事例だ。前者は、異性カップルが交際前から互いに不妊の原因がある（男性の方は精子の数が少なく、女性は卵子の数が少ない）ことを知っており、交際後、自然に子どもを持てない状況に陥っているというもの。ただし、両者は不妊の原因を持たない異性と交際すれば自然に子どもを持つことができる。反対に後者は、同性を相手に選んだため子どもを持つことができないが、どちらも生殖能力に問題はなく、互いに異性を相手に選べば自然に子どもを持つことができるというものだ。この二つの事例は、いずれのカップルも状況的に不妊に陥っている。

IVG 技術が確立すれば、この二つの事例のうち、自力で子どもを持てないことを事前に知っていた異性カップルは利用を認められ、同性カップルは利用が認められないだろう。これに対してノティニたちは、もし前者の異性カップルに治療を認めるのであれば、同様に後者の同性カップルにも認めるべきではないかと言う。なぜなら、いずれの事例も、状況次第、すなわち、選んだ相手が誰かによって不妊に陥っている（遺伝的につながりのある子どもを持てないでいる）からである。

一方で、独身者が IVG 技術を用いて子どもを持つことに対しては、認めないと考える人はより多いだろう。一見して、独身者の場合、IVG 技術の利用を認めるだけの医学的な理由がない、言い換えれば、治療的要素がないからだ。しかし、すでに触れたように、独身者の中には、他者に性的指向や性的欲求を抱かない無性愛者（アセクシュアル）の人たちもいる。生物統計学の観点から見れば、無性愛者の人たちはある意味で正常な機能を喪失していると言えるだろう。そうなると、そのような人が治療として生殖技術を利用することは正当化されるかもしれない[41]。

WHO は健康を、「病気でないとか、弱っていないということではなく、肉体的にも、精神的にも、そして社会的にも、すべてが満たされた状態にある」と定義する[42]。この定義に即せば、健康（精神的、社会的な幸福感［ウェルビーイング］）に奉仕するためにIVG 技術を含め生殖技術を利用することは、医学的な理由として正当化される可能性が十分にある。実際、不妊の異性カップルは、そうでない異性カップルに比べて、不妊であることによる精神的な苦痛、心理的な苦悩を抱いているため、生殖技術の利用を認める医学的理由があると考えられている[43]。

それに対して、同性カップルや独身者が、自分たちの遺伝子を引き継ぐ子どもを持てないという生物学的な限界を認識しているとすれば、子どもを持てないことによる精神的苦痛や心理的苦悩は異性カップルほど大きくないとも考えられる。これは、異性カップルの子どもを持ちたいという利害の方が、同性カップルや独身者の子どもを持ちたいという利害に比べて大きいということでもある。とはいえ、もし同性カップルや独身者も遺伝的につながりのある子どもを持てないことで深刻な精神的苦痛や心理的苦悩を抱いているならば、異性カップルと比べて相対的にどうかではなく、その苦痛や苦悩を取り除く手段として生殖技術の利用が正当化されることになる。

ここまでをまとめると、ノティニたちは、治療か治療でないかというしばしば採用される区別で、生殖技術を利用できるできないを判断するのは妥当だと考えない。異性カップルだけでなく、同性カップルや独身者が生殖技術を利用するのも、治療と言いうる場合があるし、異性カップルと同様に、同性カップルや独身者の利用が、彼らの精神的苦痛や心理的苦悩の軽減に資する（健康に奉仕する）場合があるからだ。そのうえで彼女たちは、誰にIVG 技術の利用を認めるかという問題を考えるための判断基準として、正義と善行という二つの倫理原則を提示する[44]。

分配的正義・補償的正義

ノティニたちのいう「正義（justice）」は、大きく二つに分かれる。一つは、分配的正義、もう一つは補償的正義だ。前者の分配的正義とは、ある技術を必要とする同じ状況にある人に対して、その利用を公平に認めるべきという考え方である。必ずしもすべての人に等しく技術の利用を認めるべきだというのではなく、あくまで同じ状況にある人には同じ権利を認めるべきというものだ。そして、それをしないことはその人を不当に差別していることになる。

一般的に、不妊症と診断された異性カップルは、生殖技術を利用する権利を持つとされている。これは、彼らが通常であれば享受できた利益（遺伝的につながりのある子どもを持つこと）を享受できていないからだ。ノティニたちによれば、同性カップルや独身者も、同様の利益を享受する権利を持つという。なぜなら、自身でコントロールできない性的指向により、彼らも通常であれば享受できた利益を享受できていないからである。

後者の補償的正義とは、過去の不公平を是正するため、不当に扱われていた人を優先的に配慮すべきというものだ[45]。ここでは、同性カップルに優先的に技術利用を認めることが、過去の過ち（過去に行われた同性カップルに対する不当な扱い）を是正するための手段になる[46]。これに対して、独身者が自力で子どもを持つことは困難であるため、彼らが過去に同様の不当な扱いを受けていたとは言い難い。そのため、補償的正義の議論は独身者に当てはまらないと言う。また、独身者が遺伝的につながりのある子どもを持つための選択肢（異性のパートナーとの間に子どもを持つ）は残っているが、同性カップルにはIVG技術を利用する以外に、両者（男性双方、女性双方）と遺伝的つながりのある子どもを持つ選択肢はない。そのため、同性カップルに対して優先的に技術を提供すべきだということになるのである。

社会における善行

「善行（beneficence）」とは他者に利益をもたらす（他者の利害を満たす）行為である。ここでいう善行は、親の子どもに対する善行ではなく、社会が行う親になりうる人への善行を指す。不妊の異性カップルや同性カップル、独身者にIVG技術の利用を認めることによって、その利用を希望する親になりうる人が、不妊（子どもを持ちたいのに持てないこと）に伴う精神的苦痛、心理的苦悩を軽減し、精神的、社会的な幸福感を促進することにつながる。そのため、異性カップルだけでなく同性カップルや独身者にも、体外で作られた精子・卵子を用いた生殖を認めることは善行に適っている。

だが同時に、ノティニたちは、すでに確認したような子どもが被る身体的・心理的な害悪、親に対する心理的な害悪が生じることも理解している。たとえば、いったんIVG技術の生殖利用を認めてしまうと、社会的な親子関係よりも遺伝的な親子関係が優れていると表明することになる、という場合だ。彼女たちも、実際、親子関係では遺伝的なつながりが重視されることを認め、遺伝的なつながりを重視することと同程度かそれ以上に、社会的なつながり、すなわち、親が子どもをいかに育てるかという点を重視すべきだと考える。しかし、既存の生殖技術も同様の問題を生み出しており、新たな技術が既存の技術よりも問題を深刻化させることにはならないと言う。

彼女たちが害悪の中でも特に懸念するのは、子どもへの身体的な害悪だ。子どもが被りうる身体的な害悪の問題を克服するためには、人がIVG技術を用いて子どもを生み出す前に、安全性リスクの問題を十分に検証する必要があると言う。具体的には、すでに行われている動物を用いた研究にはじまり、安全性試験、研究の監督、追跡調査など、臨床研究の手続きを適切に踏むということだ。

他方でノティニたちは、先に確認したパーフィットの非同一性問題を支持する。つまり、IVG技術を用いて子どもを持った結果、身体的な障害を抱えていたとしても、その子どもに危害を加えたことにはならないという立場を採るのだ。ただし、独身者が体外で作られる配偶子（男性なら卵子、女性なら精子）を利用する場合、近親者間の生殖に伴う遺伝病の発症リスクが高まる、ゆえに利用を認めるべきではないと主張する[47]。彼らは明言しているわけではないが、独身者がIVG技術を利用する場合、子や孫が被る身体的な害悪が極めて深刻だと予想しているのだろう。

このように、IVG技術の生殖利用を誰に認めるかという問題に対して、ノティニたちは明確な道筋を示している。彼女たちにとって、従来の生殖や家族の在り方（異性カップルのみが遺伝的につながりのある子どもを持ち、遺伝的な親子関係を築くというもの）はもはや支持できるものではなく、むしろ時代の流れに応じて柔軟に変えていくべきものなのである。

誰に技術利用を認めるべきなのか

ノティニたちは、正義と善行の観点から、不妊の異性カップル、同性カップル、独身者など、誰に対して優先的に、IVG技術の利用を認めるべきかを論じた。補償的正義（過去の不公平の是正）の観点からは、異性カップルや独身者よりも同性カップルに対してその利用を優先させ、善行（心理的苦痛の軽減や心理的・社会的なウェルビーイングの向上）の観点からは、独身者よりも、異性カップルや同性カップルにその利用を認めるべきだというのであった。その際、彼女たちは、生まれてくる子どもが身体的な害悪を被る可能性が高い点も考慮し、安全性に関するリスクが解消されない限り、独身者に対してその利用を認めるべきではないという結論も同時に導く。このようにノティニたちの議論は、誰に対して優先的にIVG技術の利用を認めるべきなのか、またその判断基準は何かを明確に示すものだった。彼女たちの議論を閉経を迎えた女性に敷衍すれば、善行の観点からその利用は認められるとともに、正義の観点からは異性カップル、同性カップルと同列か、それに続く優先度で利用が認められることになるだろう。

一方で私は、すでに述べたように、ノティニたちが独身者への利用を認めない理由に挙げている、子どもが被りうる身体的な害悪が、異性カップルや同性カップルにもその利用を認めない理由になると考えている。念のため確認しておくと、ここでいう身体的な害悪は、パーフィットのいう深刻な障害や病気を指している。ノティニたちは、人でこの技術を試す前に動物実験が必要だと指摘しているが、そもそも何が分かっていないかすら分かっていないことを過少評価しているだろう。こうした身体的な害悪の可能性を考慮すれば、人でIVG技術を試すのはあまりにもリスクが高いと言えるだろう。そのため、身体的な害悪を真剣に考慮するのであれば、独身者に限らず、異性カップルや同性カップルにもIVG技術の利用を認めるべきではない。

私は、生まれてくる子どもの身体的・心理的な害悪を考慮すれば（心理的な害悪は法を含む社会システムを整備することで克服できるかもしれないが）、IVG技術を用いた生殖は当面禁止するのが妥当だと考えている。それでは、IVG技術の安全性が十分に確保されたらどうか（次章でも述べるが、私は安全性を十分に確保するだけの臨床研究の枠組みを整えるのは極めて困難だと考えている）。その場合、すでに不妊治療の利用を認められている不妊の異性カップルであればとか、幼少期にがん治療で生殖機能を失った人であればとか、例外規定はあってしかるべきだと言う人がいるかもしれない。私は一律に禁止する立場は取らないし、代替手段のない不妊の異性カップルが利用するのは倫理的に正当化されると考えている。しかし、そもそも認めてよいか、また誰に対して利用を認めるかどうかについては、次に見る道徳的地位をめぐる問題も考慮して最終的な判断を下していくべきだろう。

6　道徳的地位の観点からどう捉えるべきか

ここまで私は、生まれてくる子どもの身体的・心理的な害悪を理由に IVG 技術の生殖利用に対して否定的な態度を示してきた。最後にこれまでの議論を道徳的地位の観点から考察することにしよう。

まず確認しなければならないのは、将来的に IVG 技術を用いて生まれてくる子どもの道徳的地位である。身体的・心理的な害悪の問題を考慮すれば、この技術を利用して子どもを持つことは当面認められないものの、将来的に、もしこの技術を利用して子どもが誕生した場合、**道徳的行為者の権利を尊重する原則**や**人権を尊重する原則**に従い、その子どもは道徳的行為者として生命や自由への権利を含む、完全で平等な道徳上の基本的権利を持つと見なすべきだろう。このとき、自然な精子・卵子とそれ以外の精子・卵子を区別し、生まれてくる子どもの道徳的地位が異なると考えるのは妥当ではない。

また、IVG 技術を用いた生殖によってさまざまな身体的・心理的な害悪が引き起こされるおそれがあることを考慮すれば、未来世代に対する相応の配慮が必要だろう。たとえば、**残虐な行為を禁止する原則**に照らして、不当に危害を加えたり、苦痛や苦悩を引き起こしたりすべきではない。もっとも、未来世代はまだこの世に生を受けていない存在者である。パーフィットは「壊れたグラス」の思考実験を通して、現在存在しない者に対する道徳的配慮の必要性を訴える。

> 私が壊れたグラスを森の茂みの中に残すとしてみよう。百年後、このグラスがある子どもを傷つける。私の行為はこの子どもを害するのである。もし私が安全にこのグラスを埋めていたら、子どもはけがをせずに森を通り抜けていただろう。[48]

倫理は相互に報いることができる人のみを対象にするという立場に立ち、現在生まれていない子どもへの危害や利益は考慮しないと主張する者がいる。この立場を取れば、まだこの世に生を受けていない者（100年後の子ども）の利害は、現在生きている存在者のそれに比べて道徳的に重要でないということになる。また、私たちの行為や政策が未来世代へ及ぼす影響は割り引いて考えられると主張する者もいる[49]。

しかし、もしこのような立場を取れば、たとえば、1年後に1人死亡することと500年後に10億人死亡することを比較した場合、後者は道徳的にはさほど重要でない、または道徳的に正当化されることになる。パーフィットはこれらの見解を斥け、未来世代（近い未来の存在者、遠い未来の存在者）に及ぼす影響も考慮すべきだと論じた。私たちは、子どもなど未来世代が被る身体的苦痛、精神的苦痛、心理的苦悩をできる限り考慮すべきだし、そのような苦痛や苦悩を引き起こさないようにすべきなのである。

最後に考慮すべきは、**尊重を推移させる原則**だろう。この原則は、ある個人または共同体が何らかの理由で大事だと見なしているもの、またはすべきでないと考える行為がある場合、それを相応に配慮する必要があるというものだ。IVG技術の生殖利用の是非を論じる際、この原則を考慮に入れるのは難しい。というのも、どんなことをしてでも遺伝的につながりのある子どもを持ちたいと考える人がいる一方で、この技術を利用し、遺伝的につながりのある子どもを持つことは絶対に認めるべきではないと考える人もいる。また、不妊の異性カップルが利用するのであれば認められると考える人がいるのに対して、同性カップルや独身者の利用は認めるべきではないと考える人もいるからだ。**尊重を推移させる原則**に従えば、IVG技術の利用に関する許容の範囲を社会的な議論を通して明らかにする必要があるだろう。生殖に対する態度は国によって変わることが十分に考えられるため、生殖技術に関する国の政策は市民の態度を反映したものにするのが望ましい。

もっとも、道徳的地位の原則には優先順位がある。**残虐な行為を禁止する原則**は、**尊重を推移させる原則**に優先されるべきだ。したがって、仮に大多数の国民が、不妊の異性カップルがIVG技術を利用することに賛成したとしても、子どもへの身体的・心理的な害悪の問題が解消されない限り、利用を安易に認めるべきではないだろう。反対に、子どもへの身体的・心理的な害悪の問題をすべて克服し、多くの人が不妊の異性カップルや同性カップルによるIVG技術の利用を強く支持している状況においては、その利用を禁止する理由はないと言えるだろう。

第５章
子どもの遺伝子を操作してよいか
未来世代をめぐる倫理

本章のキーワード
ゲノム編集、人間の尊厳、二重結果論、遺伝子プール、優生学、新優生学、着床前診断、治療とエンハンスメント、人格の同一性、表出主義、遺伝的多様性、オビエド条約、ヒトゲノム宣言

これまでの章でもゲノム編集に言及してきた。そこでは遺伝子を操作する技術という程度にしか説明してこなかったが、ゲノム編集は近年、生命科学の分野で注目を集めると同時に、農業、水産・畜産、医療など、社会的に多大な影響を及ぼしている革新的な技術である。その一方で、この技術は諸刃の剣であり、良くも悪くも、未来を大きく変えうるのは間違いない。本書が最後に扱うのは、前章に関連する、私たちにとって影響の大きな問題だ。

１　ゲノム編集

精子・卵子、受精卵の段階で遺伝子を操作し、子どもを持つ。そうした行為は従来、越えてはならない一線とされてきた。しかし、ゲノム編集と呼ばれる遺伝子操作技術の開発が進んだことで、それが今や（自在にとまではいかないものの）技術的に可能になりつつある。本章で論じるのは、ゲノム編集で生まれる前の子どもの遺伝子を操作することの倫理性である。

もしかすると読者の中には、ゲノム編集技術を用いれば何でもできるというイ

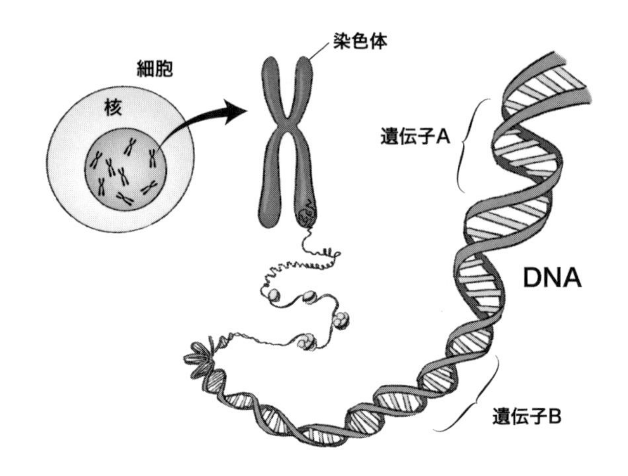

図1　ゲノムの正体はDNAの中にある遺伝情報である

メージを持っている人がいるかもしれない。誤解や憶測に基づいてその利用の是非を論じても、あまり生産的・建設的な議論には結びつかないだろう。そこで、本論に入る前に、ゲノム編集についての基礎的な情報を確認しておきたい。

ゲノム（genome）とは、遺伝子（gene）と染色体（chromosome）から成る造語で、生物が持つすべての遺伝情報を指す。人や動植物の細胞の中に、それら（人や動植物）を作り出すために必要な遺伝情報が入っているのだ。このゲノムの実体がDNAで、遺伝情報はDNAに書き込まれている（図1）。つまり、「ゲノム編集を行う」とは、（細胞内の）DNAの中にある遺伝情報を書き換えることをいう。ちなみに、ゲノム編集は遺伝子編集や遺伝子改変、遺伝的介入などと呼ばれることもあるが、それらは遺伝情報に介入するという点で同じことを意味している。

「ゲノム編集」という言葉が社会的に注目を集めるのは、2012年に生物学者のジェニファー・ダウドナと細菌学者のエマニュエル・シャルパンティエが「クリスパーキャス9（CRISPR-Cas9）」と呼ばれる遺伝子操作技術を発表してからのことだ（図2）。彼女たちが発表したのは、第三世代のゲノム編集であったが、第一世代のゲノム編集には「ジンクフィンガーヌクレアーゼ（ZFN）」が、第二世代のゲノム編集には「タレン（TALEN）」がある。ちなみに2020年に、ダウドナとシャルパンティエはノーベル化学賞を受賞している。

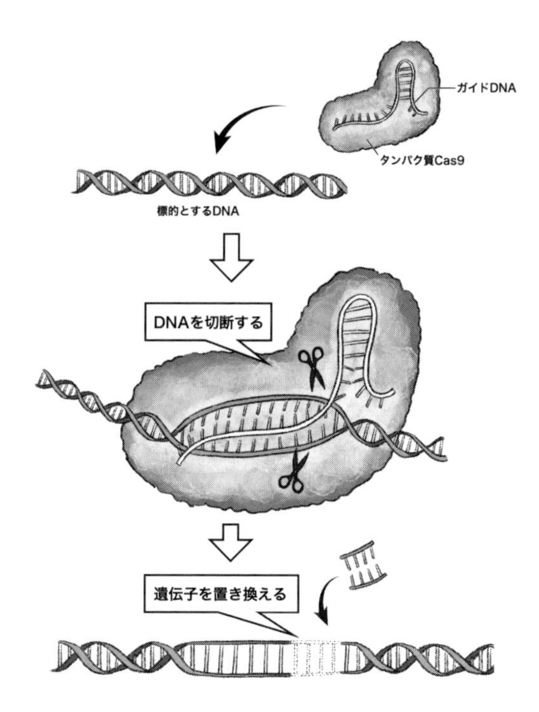

図2　クリスパーキャス9の利点は、DNAの切断や遺伝子の置き換えが容易になったこと

かくもクリスパーキャス9が評価されているのにはそれなりの理由がある。それは、クリスパーキャス9が、従来のゲノム編集（ジンクフィンガーヌクレアーゼやタレン）に比べて、正確性、簡便性、効率性、有効性、価格などどれをとっても格段に優れているからだ。加えて、人を含む動物や植物など、幅広い対象に利用できるという適用範囲の広さも大きな利点である。

ゲノム編集の次世代への影響——モザイクとオフターゲット

しかし、ゲノム編集にはモザイクとオフターゲットと呼ばれる技術的課題がある（図3）。モザイクとは、遺伝子操作を行った結果、操作できた箇所とできなかった箇所が生じることを指す。一方、オフターゲットとは、ある標的となる遺伝子を操作したところ、意図せず別の遺伝子なども操作してしまうことを指す（標

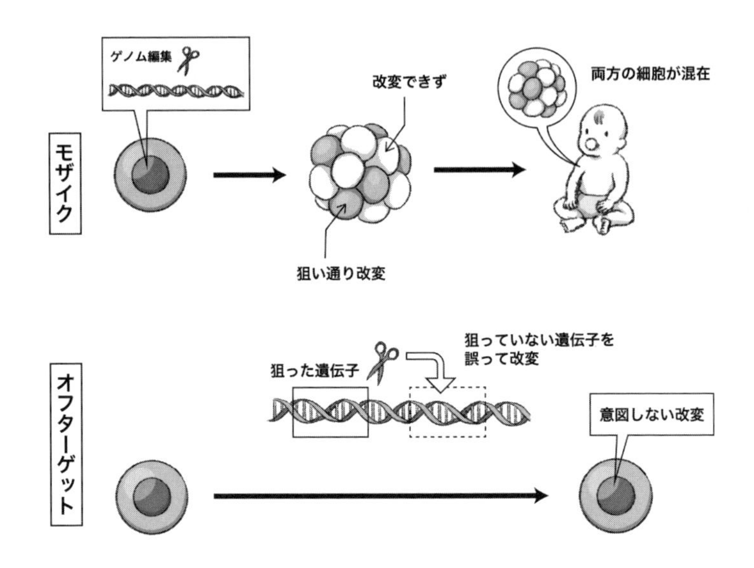

図３　ゲノム編集の技術的課題であるモザイクとオフターゲット

的となる遺伝子を意図した通りに操作することをオンターゲットと呼ぶ)。したがって、ゲノム編集を人に対して利用した場合、安全性に関わる致命的な問題を引き起こす可能性がある。もっとも、科学者は技術開発を進めており、今後こうした課題が克服される可能性は十分にある。

そもそも生まれる前に遺伝子を操作すると、どのような作用が、なぜ生じるのだろうか。これを理解するためには、私たちの体が体細胞（皮膚・血液・心臓などの細胞）と生殖細胞（精子、卵子）で構成されていることを理解しておく必要がある。体細胞と生殖細胞のうち生殖細胞が親の遺伝情報を子に伝える役割を果たしている。第3章の冒頭でも確認したように、人の発生において一細胞である受精卵は、細胞分裂を繰り返すことで多様な細胞から構成される人へと成長する。発生初期、すなわち、細胞分裂する前の胚の段階で遺伝子を操作すれば、操作による効果を体全体に行き渡らせることができる。体全体ということは、生殖巣（精巣や卵巣）の中の精子・卵子にもその効果が及ぶということだ。その効果の中にはモザイクやオフターゲットも含まれる。

精子・卵子、胚のような細胞分裂前（または細胞分裂中）にゲノム編集を行うことを「生殖細胞系列のゲノム編集（germline genome editing）」と呼ぶ。この段階でゲノム編集を行った場合、その効果は当人にとどまらず、子や孫以降の世代にも及ぶため、これは「遺伝性のゲノム編集（heritable genome editing）」とも呼ばれる（本章では特に断らない限り、「遺伝性のゲノム編集」と表現する）。他方で、すでに生きている個人の体の細胞にゲノム編集を行うことを「体細胞のゲノム編集（somatic genome editing）」と呼ぶ。体細胞のゲノム編集の方は操作による効果が当人にとどまる。

単一遺伝子疾患の難病治療の可能性

現在、遺伝性のゲノム編集において実現が近いと目されているのは、単一遺伝子によって生じる遺伝性疾患の治療である。これは、たとえば既存の着床前診断（子宮に戻す前に、胚の遺伝子や染色体を調べ、異常の有無を診断する技術）では防げない病気の遺伝を回避するのに有効な方法だと言われている。この単一遺伝子によって引き起こされる遺伝性疾患は数千種類報告されているが、その中にはたとえば、セラサミア（重症の場合、一生輸血が必要になり、生命を脅かすだけでなく、生涯を通じて苦痛に苦しむ病気）や嚢胞性線維症（のうほうせいせんいしょう）（気管支や消化管などが粘度の高い濃厚な分泌物で詰まり、肺炎、膵炎、腸閉塞などを繰り返す病気）、また筋ジストロフィー（骨格筋障害に伴う運動機能障害が主たる症状で、関節の変形や呼吸機能の障害などを合併することもある病気）などがある。

多遺伝子疾患の治療、エンハンスメントの可能性

ゲノム編集の利用としては、単一遺伝子疾患の治療だけではなく、がんや糖尿病など多遺伝子疾患の予防、病気の兄弟姉妹の救済（いわゆる「救世主きょうだい」）、知能、身体能力、目の色や容姿など、能力の向上や獲得（いわゆる「エンハンスメント」）への期待も高まっている[01]。とりわけ多遺伝子疾患の予防への期待は大きい。病気全体で言えば、単一遺伝子疾患に比べて多遺伝子疾患の数の方が圧倒的に多いからだ。

また、将来的に複数の遺伝子を同時に、かつ正確に改変することができるようになれば、エンハンスメントへの期待も高まるかもしれない。とはいえ、がんや糖尿病など多遺伝子疾患の発症や知能などの高低は複数の遺伝的・環境的要因が複雑に絡み合って生じる。そのため、遺伝的介入も複雑になればなるほどリスクが増大する。したがって、エンハンスメントを目的とした遺伝性のゲノム編集は

現実的に望みが薄い。

中には「遺伝性のゲノム編集は到底認められない」と考える人もいるだろう。ほんの数年前までそのような考えが主流だったし、今でもそのような考えが主流だ。しかし最近では、条件次第では認められるとする意見も見られるようになった。そもそも遺伝性のゲノム編集を認めてよいのか。認めてよいならそれはどのような場合、またどのような条件の下か。遺伝性のゲノム編集は、前章で扱ったIVG技術を用いた生殖と同様、親の利害と未来世代の利害が対立する問題であるとともに、人類全体への影響が懸念されている問題でもある。以下では、遺伝性のゲノム編集の倫理性、すなわち、生まれる前の子どもの遺伝子を操作してよいのかどうかを問題にする。

2　遺伝性のゲノム編集をめぐる倫理

議論のきっかけ

2015年、中国の科学者、黄軍就(ホアンジュンジウ)たちが世界で初めて人の胚にゲノム編集を行ったと発表した。これはあくまで研究であったが、βセラサミア（遺伝性の貧血、地中海貧血ともいう）の遺伝子変異を修復することを目的としていたため、いずれ生殖に応用する者が出てくることを感じさせるものであった[02]。その後、遺伝性のゲノム編集の倫理的是非が盛んに議論されていた2018年11月、中国の科学者、賀建奎(フージュンクイ)が人の胚にゲノム編集を行い、双子の女児をもうけたと発表したのである【コラム5　世界初のゲノム編集を用いた生殖】[03]。

これに対して、各国や学術団体などが続けざまに、ゲノム編集を生殖に利用すべきでないという警告や一時的に禁止すべきというモラトリアムの要求を行うことになった。生命倫理学者のキャロライン・ブロコウスキーによれば、世界で初めて人の胚にゲノム編集が施された2015年から2018年までの3年間に、50を越える国や組織から60以上もの声明が出されたという[04]。それらの声明の数だけ見ても、遺伝性のゲノム編集がいかに注目度、緊急度が高い問題であるかが窺い知れる。

遺伝子操作の起源

現在、賛否両論が巻き起こっているとはいえ、遺伝子を改変するという発想はかなり前から存在していた。たとえば、1980年代に嚢胞性線維症や鎌状赤血球症（赤血球のタンパク質であるヘモグロビンの遺伝子異常により、酸素を運搬する機能が低下し、貧血が生じる病気）などの原因遺伝子が見つかったことで、単一遺伝子疾患の治療・予防はもとより、多遺伝子疾患の治療・予防、さらには能力の獲得・向上なども「遺伝子工学（genetic engineering）」の力をもってすれば実現できると考えられるようになったのだ[05]。

しかし、その当時の技術水準では、遺伝子を正確に改変することはできなかった。それが数十年の時を経て、ゲノム編集技術（クリスパーキャス9）が開発され、まさに今、この技術を用いて生まれる前の子どもの遺伝子を改変する構想が現実味を帯び始めているのだ。その意味で、遺伝性のゲノム編集は古くて新しい問題を提起しているとも言えるだろう[06]。

すでに触れたように、従来、生殖細胞系列への遺伝的介入は禁止すべきであるという認識が国際的に広く共有されてきた。たとえば、「オビエド条約」（1997年）や「ヒトゲノムと人権に関する世界宣言」（1997年；以下、ヒトゲノム宣言）はそれ（生殖細胞系列への遺伝的介入の禁止）を明記している【コラム6とコラム7】。この条約と宣言は、現在まで影響を持ち続けている一方で、批判も浴びている。すぐ後で触れるように、これらを批判する人たちは、遺伝性のゲノム編集を一律に禁止することに懐疑的な見方を示しているのだ。

3　そもそも認めてよいか

以下では、遺伝性のゲノム編集の是非に関して、① そもそも認めてよいか、② どこまで認めるべきか、③ 実際に進める場合、どのような手順を踏むべきか、の順で議論を進める。まず①に関して、人間の尊厳や優生学に訴える議論、また着床前診断と遺伝性のゲノム編集の違いに訴える議論を扱うことにしよう。

人間の尊厳は侵害されるのか

遺伝性のゲノム編集に反対する際、人間の尊厳に訴える者は多い。たとえばオビエド条約（第13条）は、遺伝性のゲノム編集が人間の尊厳を損なう行為だとして禁止している。しかし、これに対しては懐疑的な者も多く、たとえば、哲学者のイニゴ・デ・ミゲル・ベリアイン、法学者のヴェラ・ラポソ、生命倫理学者のジュゼッペ・セガーズとハイディ・マーテスが人間の尊厳に訴える議論を批判的に検討している[07]。

反論① —— 遺伝性のゲノム編集で人間の尊厳は侵害されない

「人間の尊厳と遺伝子操作」という論文においてベリアインは、人間の尊厳に訴える議論がどの程度妥当なのかを分析した[08]。彼はまず、人間の尊厳に訴える従来の議論が、次の三つの考え方を前提にしていることを確認する。① 尊厳とはすべての人が持つ内在的価値を意味する、② すべての人が尊厳（内在的価値）を持つため、人を単なる手段や道具として扱うべきではない、③ 人間の尊厳はヒトゲノムと結びついている、言い換えれば、ヒトゲノムが人（ホモ・サピエンス）という種を規定している、というものだ。しかし彼は、従来の議論を三つの点で批判する。

ヒトゲノムを保存する義務はあるのか……オビエド条約やヒトゲノム宣言を見れば、人間の尊厳とヒトゲノムの結びつきが強いことは明らかだ。ベリアインは、両者の関係性がどのような道徳的な意味を持つのかを批判的に検討する。ヒトゲノムを現状のままで維持することが人間の尊厳を尊重することだとすれば、確かにゲノム編集は人間の尊厳を侵害するもので、認められないかもしれない。しかし、私たちにはヒトゲノムを保存する義務はないとベリアインは言う。もし私たちにヒトゲノムを保存すべき義務があると真剣に考えるのであれば、自然に生じる突然変異を取り除くため、ゲノムを改変すべき義務を持つことにさえなるからだ。ある時点のヒトゲノム（遺伝子プール）を保存すべきだと考えないのであれば、私たちはヒトゲノムが変化することをさほど深刻には捉えていない。したがって、人間の尊厳がヒトゲノムと結びついているからといって、それは遺伝性のゲノム編集の禁止を意味しないのである。

二重結果論からの考察……ゲノム編集を行うことが人間の尊厳を侵害すること（反対に、ヒトゲノムを保存することが人間の尊厳を尊重すること）だとすれば、望ましくない帰結を生んでしまう。ヒトゲノムの保存を訴える人は、ゲノム編集のように意図して生殖細胞系列のゲノムを改変する直接的な行為と、がん治療（放射線治療や化学療法）の結果として生殖細胞系列のゲノムが改変される間接的な行為を区別し、前者は認められないが、後者は認められると言う。ゲノム編集と放射線治療などを区別するのは、オビエド条約も同じである。しかし、これはそう単純な話ではない。もし放射線治療などが認められるなら、生殖細胞系列のゲノムが変化すること自体は問題ではなく、その変化が直接的なのか、間接的なのかが問題になるからである。

この区別を正当化するためにベリアインは、「二重結果論（double effect theory）」が有効かどうかを検証する。二重結果論とは、正の結果を得ようとする行為が負の結果を引き起こす場合、それを正当化するためには二つの条件を満たす必要があるというものだ。一つは、その行為が良い目的のためになされる場合。もう一つは、その行為によって負の結果を意図したわけではなく、あくまで予見しただけの場合である（負の結果は、ある行為によって予見されたが、意図されてはいなかったということだ）[9]。この理論では、負の結果が小さいか、少なくとも正の結果と比べて負の結果が小さくなくてはならない。

この二重結果論でゲノム編集による生殖細胞系列のゲノムの改変とがん治療の結果による生殖細胞系列のゲノムの改変の違いを説明できるかどうかだが、放射線治療や化学療法は容認でき、ゲノム編集は容認できないと結論するのは早計である。なぜなら、人間の尊厳を侵害するという負の結果とがん治癒で得られる正の結果を天秤にかけたとき、正の結果と比べて負の結果の方が小さいとは言えないからだ（むしろ、負の結果の方が正の結果よりも大きいと言えるだろう）。したがって、直接的（意図）か間接的（予見）かにかかわらず、生殖細胞系列のゲノムに変化をもたらす行為を容認すべきではないということになる。しかし、結果的にがん治療に反対の声が起こらないのは、生殖細胞系列のゲノムに改変をもたらす行為がすべて、人間の尊厳を侵害するわけではないことを端的に示しているのだ。

遺伝子プールへの影響……ある個人のゲノムの改変とヒトゲノム一般の改変は別物である。遺伝性のゲノム編集は、おしなべてヒトゲノム一般、つまり「遺伝子プール」に影響を及ぼすと批判されることが多い。しかし、遺伝子プールに影響するかどうかは遺伝的介入がどのような結果をもたらすかに依存している。たとえば、ハンチントン病（舞踏運動のような不随意運動、認知機能の低下、さらに幻覚や妄想などの精神症状が現れる、進行性の遺伝性疾患）のように突然変異を持つ胚を正常（突然変異のない元の状態）に戻す操作が、遺伝子プールに影響を及ぼすとは考えられない。特定の遺伝子を変化させているが、遺伝子プールに何か新しい要素を加えているわけではないからだ。強いて言えば、ある遺伝子の相対的な量が変化しているだけである。このようにゲノム編集を生殖に利用することが常に人間の尊厳を侵害すると考えるのは妥当ではない。

これら三点を基にベリアインは、人間の尊厳に訴え、遺伝性のゲノム編集を一律で禁止する立場に反対する。そして、個人の利益に適うような遺伝性のゲノム編集はむしろ容認されると主張するのだ。

反論②——「人間の尊厳」は明確に定義して用いるべき

ラポソも人間の尊厳に訴える議論に懐疑的な論者の一人である。彼女は「遺伝子編集、人間の尊厳への不可解な脅威」という論文で、ゲノム編集が人間の尊厳を侵害するという議論に反対する[10]。

ラポソによれば、生命倫理の議論で頻出する人間の尊厳に訴える議論は二つに分類できる[11]。一つは「制約としての尊厳」、もう一つは「自律としての尊厳」である。「制約としての尊厳」として人間の尊厳を理解する場合、すべての人は尊厳を持つため、私たちは人間の尊厳を保護しなければならないということになる。したがって、ある個人への有害な行為は（本人が望んだとしても）禁止される。一方、「自律としての尊厳」として人間の尊厳を理解する場合、自律的な個人の判断・選択を尊重することになる。理性的存在者である個人は自らで判断・選択し、行為する自由を有しているため、その個人の判断・選択を軽視することは、逆に人間の尊厳を侵害することになりかねない。

このように、人間の尊厳をどちらの意味で用いるかによって、ある行為の賛否は分かれ、議論の一貫性がなくなる。そのため、たとえば、哲学者のルース・マックリンは人間の尊厳という概念を「無用の長物」と断じた[12]。こうした中で次に見るようにラポソは、人間の尊厳概念がこれまで倫理的にも法的にも重要な役割を果たしてきたことを確認したうえで、遺伝性のゲノム編集の是非において人間の尊厳に訴える議論の可能性を示そうとする。具体的には、「制約としての尊厳」に焦点を絞り、従来の議論を分析するのだ。

治療・予防を目的とした遺伝性のゲノム編集は優生学につながるのか……治療・予防を目的とした遺伝性のゲノム編集は優生学につながる、ゆえに認められないと批判されることがある。優生学に訴える議論については後で触れるが、ラポソはこの議論を人間の尊厳に訴える議論の一形態として捉えている。言うまでもなく、「優生学」は評判が悪い。多くの人が、ナチスのホロコーストや精神障害者に対する強制的な不妊手術のように、優生学の負の側面を想起するからだ。しかしラポソはこの批判に対して、ゲノム編集が目指す病気や障害の治療・予防は、優生学と異なり、現在、また未来に生きる人の幸福を促進することが目的であり、適切な技術利用（病気の治療・予防のための遺伝性のゲノム編集）は、人類の苦痛・苦悩を解消するのに有効だと言う。彼女ははっきりと、健康であることがそうでないよりも優れており、ゲノム編集を用いて健康を獲得できるなら積極的にそれを利用すべきだと主張する。

そして、遺伝性のゲノム編集が治療・予防目的以外のために利用されるのではないかという懸念に対しては楽観的な見方をする。というのも、すでに多くの国が行っているように、規制を強化したり、違反者に罰則を課したりすることで技術をコントロールできているからだ。加えて、ゲノム編集を用いて病気や障害を治療・予防すれば、病気や障害を抱えている人たちにネガティブなメッセージを送ることになるという批判もある。これに対しては、病気の人を治療することが、なぜ病気を抱えている人たちにネガティブなメッセージを送ることになるのかと逆に問う。私たちは病気になれば、病院に行って治療を受ける。ゲノム編集による治療もこれと何ら変わらないというわけだ。

ゲノム編集を行わないことは未来世代にとっての利害か……遺伝性のゲノム編集に懸念を表明する人は多い。そこでは、たとえば、「開かれた未来への権利」（子どもの開かれた未来）を侵害するという懸念[13]や、未来世代の同意を得ずに行うゲノム編集は未来世代の道具化につながるという懸念が提起される[14]。前者の点を指摘する哲学者のジョエル・ファインバーグ（1926–2004）は、親は子どもが大人になったとき、できるだけ多くの選択肢を持てるように育て、できる限り開かれた未来を与える必要があると言う。これを彼は「開かれた未来への権利」と呼んだ。また、後者の点を指摘するドイツの哲学者ユルゲン・ハーバーマスは、自分の人生を自分で設計できることが倫理的に大事なのであり、親が子どもの人生に一方的に介入すると、私たちが等しい被造物だという「平等な出生（equal birth）」の考え方が損なわれると考えた。結果、親子間の対照的な関係が歪められ、道徳的共同体の連帯が失われるとして生殖への人為的介入に反対するのだ[15]。

ラポソは、私たちが自身の利害（健康など）を求めるのと、現在世代が未だ存在しない未来世代の代わりに利害を求めるのは必ずしも矛盾しないと考える。親が自身の利害を満たすためだけに子どもになる胚にゲノム編集を行うのであれば、確かに遺伝性のゲノム編集は子どもを道具化する危険性があるだろう。しかし、子どもの健康という利害を満たすのであれば、それは親が子どもにとっての「最善の利益（best interests）」を考慮していると考えられるため、子どもを道具化していることにはならない。また、重篤な疾患の治療・予防するためにゲノム編集を利用するのであれば、オビエド条約やヒトゲノム宣言にも矛盾しないとも言う（繰り返しになるが、オビエド条約やヒトゲノム宣言では生殖細胞系列への遺伝的介入を禁じている）。技術をどう用いるかで、人間の尊厳を侵害するどころか、人類を苦痛や苦悩から解放することができるからだ。そもそも、ヒトゲノムが不変でないなら、個人にとって有害なゲノムを修正せずに維持する理由はない[16]。

ゲノム編集が人間の尊厳を侵害するのは、ヒトゲノムが人間の尊厳であるからか……ヒトゲノムが人間の尊厳そのものであるため、ゲノム編集は人間の尊厳を侵害することになる。これはベリアインも取り上げていた反論だが、ロパソは少し違う仕方でこの議論を分析する。もしヒトゲノムが人間の尊厳だという主張が正しければ、**ゲノムの変化を引き起こすすべての事象**が人間の尊厳を侵害していることになる。彼女にとってこの主張を擁護できないのは、ゲノム（遺伝情報）が日常的に変化するものだという生物学的な事実をそもそも考慮できていないからだ。

ゲノムが絶えず変化するという事実から、私たちの尊厳が日常的に侵害されていると考えるのは妥当ではないだろう。こうした受け入れがたい帰結を導くことから、ヒトゲノムが人間の尊厳そのものだという議論は支持できないのである。ちなみにヒトゲノム宣言（第２条）も、人間の尊厳をヒトゲノムに還元する見方を支持していない[17]。私たち一人ひとりは、ゲノムが変化するしないにかかわらず、尊厳と権利を有しているのである。

このようにラポソは、従来、「制約としての尊厳」として展開されてきた議論を批判的に検討することで、遺伝性のゲノム編集が人間の尊厳を侵害しないと結論する[18]。彼女はまた、人間の尊厳に訴えることで、認められる行為と認められない行為を区別できるとも言う。具体的には、健康の追求や苦痛の回避などの利害を満たすために遺伝性のゲノム編集を行うことは認められると考えるのだ。

反論③――価値判断を区別すべきである

ベリアインやラポソは、人間の尊厳に訴えたとしても、必ずしも遺伝性のゲノム編集の一律禁止という結論は導かれないと言う。生命倫理学者のゼッペ・セガーズとハイディ・マーテスも、「ヒトゲノム編集は人間の尊厳を強化するのか、それとも侵害するのか？」という論文において似た結論を導くものの、ベリアインやラポソに比べて慎重に議論を展開する[19]。

ラポソは、人間の尊厳に訴える議論の一形態として優生学に訴える議論を取り上げ、それに反論した。セガーズとマーテスも、単にある行為が優生学につながると批判するだけでは議論として不十分だと言う。この問題を深く考えるために、優生学に訴える議論でしばしば顔を出す、ある形質・特性は持たない方がよいとする考え方に注目する。

たとえば、嚢胞性線維症のように生活の質に大きな影響を及ぼす病気を抱えている場合とそのような病気を抱えていない場合のどちらかを選択できるとすれば、おそらく多くの人が、後者の人生を選択するだろう。その選択にも現われているように、QOLを低下させる病気を抱えながら生きる人生よりも、健康な人生の方が望ましいというのは必ずしも極端な考え方ではない。セガーズたちが問題と見なすのは、障害のある人生が障害のない人生よりも常に価値が低いとか、またある形質を持つ人はその形質を持たない人よりも常に価値が低いという見方である。そう考えることによって、ある形質を持つ人を身体的な構成要素に還元し、価値づけてしまっているからだ。人間の尊厳を尊重するとは、ある人がどのような形質を持っていたとしても、その人に対して敬意を払うことなのである。

したがって彼らは、ある形質に関する価値判断とその形質を持つ人に関する価値判断を区別すべきだと言う。このような区別をするためには、ある形質がその人の特性においてどの程度重要な構成要素なのかを考える必要がある。たとえば、がんを罹患する人生と罹患しない人生とでは、多くの人ががんを罹患しない人生の方を望ましいと考えるだろう。このように考えたからと言って、がんを罹患する人と罹患しない人とでは、前者の方が後者よりも価値が低いと考えるのはばかげている。ましてや、がんを治療したり予防したりすることが、がん患者を侮辱することになるという主張は適切ではないだろう。

他方、ダウン症のように、その人の症状と個性を明確に分けることのできない場合は同じようにはいかない。ダウン症を抱えて生きる人生とそうでない人生とでは、どちらが望ましいなどと言えないし、ダウン症のように病気と個性が密接に結びついている場合、ダウン症を治療対象にしたり、根絶したりしようとすることは、ダウン症の人を侮辱していると受け止められるだろう。まさにダウン症の人の尊厳を侵害していると言ってよいかもしれない。

セガーズとマーテスも、人間の尊厳に訴えることで、遺伝性のゲノム編集を一律に禁止すべきだと主張するわけではない。治療を目的とした遺伝性のゲノム編集はむしろ倫理的に認められると考えている。彼らにとって大事なのは、形質に関する価値判断とその形質を持つ人に関する価値判断を区別することであった。両者の区別ができない（それをするのが困難な）場合、遺伝性のゲノム編集は人間の尊厳を侵害するおそれがある。彼らにとって、人間の尊厳を侵害するかどうかは、どの病気を治療対象にするか次第だということである。

なるほど、オビエド条約やヒトゲノム宣言において人間の尊厳が重要な概念と位置付けられてきたことを考慮すれば、ロパソ、ベリアイン、セガーズやマーテスのように、人間の尊厳を再評価することは有効だろう。実際に三者の議論は、遺伝性のゲノム編集に関して、人間の尊厳に訴える議論の射程と役割を再考するうえで建設的である。

しかし一方で、人間の尊厳概念は多義的であるため、ロパソのいう「自律としての尊厳」の意味で用いる、つまり個人の自律性を最大限尊重できさえすればそれで十分であると私は考える。もちろんそれは、遺伝性のゲノム編集を希望する人には、彼らの意思を尊重し、自由に認めればいいという意味ではない。多義的な解釈を許す人間の尊厳概念を用いるのではなく、前述の論者たちが論じるように、どのような研究が認められ、どのような研究が認められないのかを区別するのが適当だというわけだ。

優生学に訴える議論の七分類

人間の尊厳に訴える議論がそうであったように、優生学に訴える議論も似たような状況に陥っている。というのは、優生学につながる遺伝性のゲノム編集に反対するという点では大方の合意が得られている一方で、優生学が実際に何を意味するのかに関しては全く合意が得られていないのだ。そんな中、医療倫理学者のロバート・ラニッシュが「優生学は復活するのか？」という論文でこの問題を論じている。彼がまず着手するのは、優生学に訴える従来の議論の分類と、各内容と優生学の関係性に関する分析だ[20]。

権威主義……いったん治療を目的とした遺伝性のゲノム編集を認めると、生殖の自由を制限する法律、政策、社会規範が生じるおそれがある。このような主張をする人は、滑りやすい坂に訴えている。そこで想定されているのは、たとえば、ゲノム編集を生殖利用することが一般化し、技術を利用しなければ親が刑事罰に問われる未来だ[21]。遺伝性のゲノム編集が安全かつ有効だと実証された結果、社会でも広く支持され、なおかつ医療費の削減も期待されている。このような社会で遺伝性のゲノム編集を行うことは、親が子どもに対して果たすべき義務と理解されており、子どもを持つ際にゲノム編集を利用しない親は、子どもの健康管理を怠ったとして法的に処罰される、というわけだ。

これに対してラニッシュは、着床前診断などを参照すれば、このような仮想的な未来は到来しないと言う（実証的な形式の滑り坂論法に照らして、それが起こりそうにないと考えているとも言える）。たとえば、着床前診断を用いれば病気や障害を抱える可能性のある胚を選別でき、病気や障害を抱える人に割く医療費を削減できるかもしれない。たとえそうだとしても、現在、そのような行為は行われていない。中には着床前診断を利用し、病気や障害を理由に子どもを持つのを思いとどまるカップルもいるだろうが、それを利用せずに子どもを持った親を法的に処罰するような事態も生じていない。過去にそうだったからといって、今後もそうだとは限らないが、こうした事例は、遺伝性のゲノム編集が認められたとしても、生殖の自由を制限することにはならないという主張にある程度の信憑性を与えてくれるのだ。

集団主義……私たちはゲノム編集を行わないと判断する時、自然の遺伝子の方が望ましいという価値判断を下している。その意味ではゲノム編集を行わないという判断も、ゲノム編集を行うという判断と同様、結果的に遺伝子プールに影響を及ぼすことになる。これは作為（積極的な行為をすること）と不作為（あえて積極的な行為をしないこと）の違いであり、両者は一見すると異なる。しかし、遺伝子プールに影響を及ぼすという結果が同じである場合、両者は道徳的な意味で違いはないと言えるかもしれない。もし作為と不作為との間に道徳的な違いがないのであれば、遺伝性のゲノム編集を行う場合も、行わない場合も、どちらも優生学的だと言えてしまう。そうすると、この意味で優生学的だと訴えることは、遺伝性のゲノム編集への批判として弱いとラニッシュは言う。

神を演じる……遺伝性のゲノム編集が「人間本性」への干渉として非難されるなら、すでに行われているさまざまな実践が人間本性への干渉として非難されることになる。たとえば、過去に地中海に浮かぶキプロス共和国では、βセラサミアを対象にした集団レベルのスクリーニングが行われた。1970年代、人口70万人のうちβセラサミアの原因となる遺伝子を持っている人の割合が20%弱だったので、国は1977年から出生前診断や中絶を推奨し、1980年に入ってからはキプロス教会が原因遺伝子の保因者の結婚を禁止する結婚許可証を発行した。その結果、1988年以降はβセラサミアの発症数をゼロに抑えることができているという[22]。ラニッシュによれば、このようにある選択が「優生学的」であったとしても、神を演じていると直ちに批判できないばかりか、国民から広く支持された実践は正当化されるという。

エンハンスメントにつながる……治療目的でゲノム編集の生殖利用を認めると、エンハンスメント目的での利用も認めることになる。これも滑りやすい坂に訴える議論だ。ここでは、エンハンスメントを目的とした遺伝性のゲノム編集を回避するために、最初の一歩（治療を目的とした遺伝性のゲノム編集）を踏み出すべきではないという判断が下される。ただしこれは、治療を目的とした遺伝性のゲノム編集が倫理的に不正だと言っているわけではない。ラニッシュは、坂を滑り落ちるという懸念を解消するためには、治療目的での利用を禁止しなくても、エンハンスメントにつながらないような適切な規制を考えることで対応できると言う。

差別につながる……何度か紹介したように、遺伝性のゲノム編集が、現在、病気や障害を抱える人に対する差別的な態度につながるという懸念がある。この懸念は二つの解釈が可能である。一つは、病的な遺伝形質を取り除くことそれ自体が、その形質を持つ人を差別しているというもので、ある遺伝性疾患を予防する場合でさえ、その疾患を抱える人たちは存在しない方がよいという差別的なメッセージを送ることになる[23]。もう一つは、遺伝性のゲノム編集を行うことで、実際にそのような帰結が導かれるというものだ。

前者に関しては、先述の通り、病気や障害を治療することがそうした病気や障害を抱える人を差別することになるのであれば、がん治療はがん患者に対する差別につながるとも言えてしまう。しかし、おそらく多くの人にとってこの結論は受け入れられないだろう。後者に関しては、遺伝性のゲノム編集を行うことで、

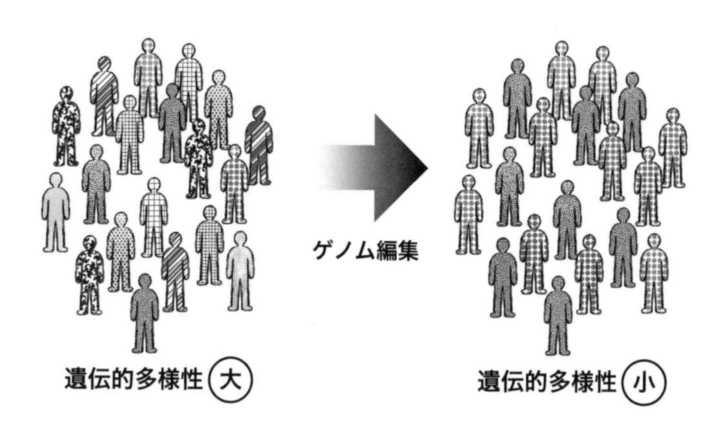

図４　遺伝性のゲノム編集で遺伝的多様性は失われるのか

ある病気や障害を抱える人に対する差別を生むどうかは実証的な問題である（本当にそれが起こるかどうかを確かめるためには、実証的なデータが必要になるということ）。しかしラニッシュは、これも過去の事例（出生前診断が障害者差別につながったと言える実証的なデータはない）を見れば、そうした事態は生じないだろうと言う。

不平等につながる……遺伝性のゲノム編集によって人が本来持っている平等性や尊厳が侵害されるというものである。すべての人が等しく技術を利用できない状況では、利用できる人とできない人の間で不平等が拡大するため、遺伝性のゲノム編集は一律に禁止すべきというものだ。しかしこれは、技術を利用する機会を等しく分配すべき理由にもなるので、反対理由としては不十分である。遺伝性のゲノム編集を利用したい人が等しく技術を利用できるよう配慮すればよいだけだからだ。中には、遺伝性のゲノム編集が、生まれながらにして個人が抱える不平等を是正したり、平等を促進したりするため、積極的に技術を利用すべきだと言う者もいる[24]。

画一化につながる……遺伝性のゲノム編集が遺伝的な多様性を喪失させるという懸念である[25]。具体的には、人が持っている多様な形質を病気と見なし、それを治療することで遺伝的画一化が促されるというものだ。確かに自由主義社会において多様性は中心的な価値を担っているが、反対に遺伝的な多様性を強制することには懐疑的な声も上がっている[26]。ラニッシュも、たとえばテイ・サックス病（成長に伴い、身体・精神能力が低下する進行性の遺伝性疾患）を抱えて生まれてくることが分かっており、それを治療・予防できるにもかかわらず、遺伝的な多様性を維持するために何の介入もしないことを「怪しい理想」だと批判する。

新優生学という立場

このようにラニッシュは、優生学に訴える議論の多くが必ずしも説得力をもたないことを示す。すでに見たように彼自身、優生学につながらないような配慮が必要だと主張する場合もある。しかしそれは、遺伝性のゲノム編集を一律で禁止する理由にはならないというのだ。

彼の議論はここで終わらない。旧来の優生学との差異化を図ることで遺伝性のゲノム編集を支持する「リベラル優生学」[27]や「新優生学」の議論に目を向ける。新優生学の論者は、国家による強制がないとか、科学的根拠が十分であるという点に依拠しながら自らの主張の正当性を訴える。しかし、ラニッシュはこれに対して懐疑的な見方をする。

新優生学の論者も、国家が個人にある見方を強制する旧来の優生学を批判する。その代わりに、個人の自己決定や未来世代の生活の質に訴えることで生殖における遺伝的介入を擁護しようとする。これによって、過去に国家が強制した全体主義的な人種改良を回避し[28]、親は生まれてくる子どもの病気を治療・予防する自由や、積極的に遺伝子を改良する自由を持つことになる[29]。この立場を採る論者は、遺伝性のゲノム編集に関して、少なくとも治療・予防目的での利用を支持するし、エンハンスメント目的の利用でさえ支持する場合がある。

しかし歴史を振り返れば、優生学は国家が主導するというより、むしろ非政府組織が草の根的に進めることが多かった。旧来の優生学で個人が自発的かつ無意識に選択するよう仕向けられていたとすれば、新優生学が強調する個人の自己決定の尊重（国家に強制されないという主張）を真に受けることはできない。たとえば、遺伝的に劣っているとされる人に子どもを持たない選択を自発的にさせたり、遺伝的に優れているとされる人に子どもを持つよう促したりすることが生じかねないからだ[30]。もしそうだとすれば、私たちは個人の選択の自由を保障するだけでは不十分であり、生殖という複雑な問題に関しては特に、自由に選択できるよう十分な支援を行う必要もある[31]。

また旧来の優生学は、社会問題（失業、アルコール依存症、犯罪など）の原因を遺伝子に求め、解決しようとした。新優生学の論者はそうした科学的根拠のない実践を批判する。彼らがゲノム編集によって達成しようとするのは、自在に病気を治療し、寿命を延ばし、能力を向上・獲得できるような世界だ。しかし、過去の優生学がそうであったように、少なくとも現時点では遺伝性のゲノム編集も科学的根拠に乏しい計画の一つである。特に、エンハンスメントを目的にした遺伝性のゲノム編集が実現するかどうかは疑わしい[32]。

そもそも特定の形質がどの遺伝子によって決定されるかが不明だし（この点が明らかにならなければ、遺伝子を改変したとしても望むような形質は得られない）、仮に複数の遺伝子を同時に、かつ正確に改変できたとしても、ある形質がその他の要因（生育環境など）と複雑に絡み合っている以上、ゲノム編集によって望ましい形質が得られたことを示すことができない。科学的根拠に基づかず、治療・予防、エンハンスメントを目的とした遺伝性のゲノム編集を支持することは、過去の優生学と何ら変わりない。ラニッシュはこう考えるのである。

とはいえ、彼自身、遺伝性のゲノム編集を一律に禁止するのではなく、認められるものと認められないものを区別できるという立場に立っている。認められるものとは、着床前診断では回避できない単一遺伝子疾患の治療を含む、治療目的での遺伝的介入であり、反対に認められないのは、それ以外の遺伝的介入である。

ラニッシュが行った「神を演じる」と「画一化につながる」という議論については注意が必要だろう。歴史を振り返れば、国が主導する病気の発症予防は、キプロスに限らず、イギリス（二分脊椎の発症予防）やアメリカ（テイ・サックス病の発症予防）でも行われてきた[33]。しかし、過去の事例を基に（それが国民に広く支持されていたとしても）容認する理由があると結論づけるのは早計だと私は考える。なぜなら、国民に広く支持されていた実践であっても、すでに見たキプロス共和国の事例も、イギリスやアメリカの事例も、事後的に見れば優生学的だとして倫理的に問題だと批判される可能性はあるからである。その意味では、過去の実践も批判的に検証しながら、病気の種類、介入の方法、得られる効果、強制の有無などを基に最終的な判断を慎重に下すべきだろう。

一方で、遺伝的多様性を維持するため、病気を治療できるのに治療しないというのは多くの人の直観に反するだろう。この点については、ベリアインが論じたように、ハンチントン病のような突然変異を持つ胚を正常に戻す操作は、遺伝子

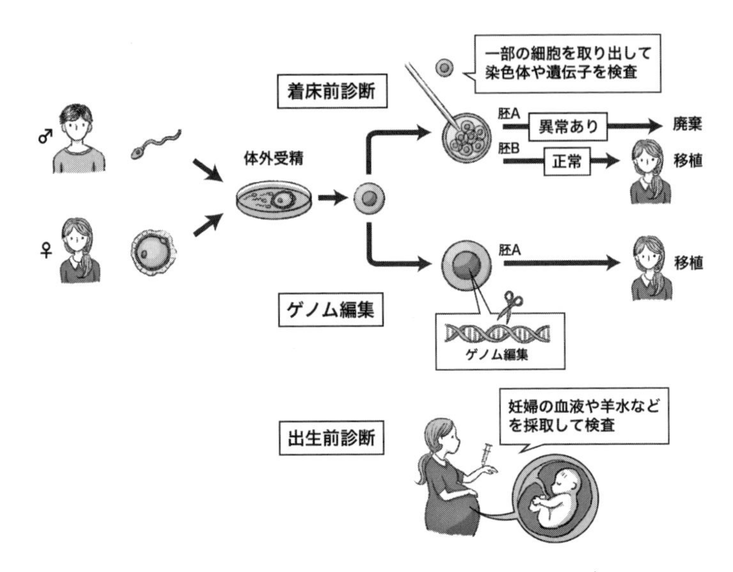

図５　ゲノム編集と着床前診断、安全性と有効性に関する条件が同じであればどちらを認めるべきか

プールに影響を及ぼさないと反論するのが適切だろう。特定の遺伝子を変化させているものの、遺伝子プールに何か新しい要素を加えているわけではないからだ。

ゲノム編集を支持する医学的・道徳的理由

遺伝性疾患を抱えるあるカップルが、その病気を遺伝させず子どもを持つことを希望しているとしよう。このとき、遺伝的につながりのある子どもを望むのであれば、一般的に着床前診断が第一選択になる[34]。しかし、遺伝性疾患の種類によっては、着床前診断では対応できないことがある。たとえば、両親のどちらかが常染色体優生遺伝疾患（ハンチントン病など）のホモ接合体である場合、病気が遺伝する確率は100％である。また両親がともに常染色体劣性遺伝疾患（嚢胞性線維症など）のホモ接合体である場合、病気が遺伝する確率は75％に上る[35]。病気が遺伝する確率が75％なら、25％の確率で遺伝しないと思われるかもしれないが、胚を選別しようにも胚の個数が限られているため、病気の遺伝を回避するのは極めて難しい[36]。

このように着床前診断では目的を果たせないが、病気を遺伝させず遺伝的につながりのある子どもを持ちたいと願うカップルにとって、遺伝性のゲノム編集は有望な選択肢になる。そのため、単一遺伝子疾患の治療・予防に関しては、遺伝性のゲノム編集を支持すべき医学的理由があると言える。このような事例においてゲノム編集の利用を容認することは、生殖の自由を保証することにもなるというわけだ。中には遺伝子プールへの影響を懸念する人もいるが、すでに触れたように、単一遺伝子疾患の遺伝子を改変する行為は新規の遺伝子を導入するわけではなく、病気の原因となる遺伝子を修正するという意味で着床前診断と根本的に差はない。むしろ病気の原因になる遺伝子を遺伝子プールから取り除くことで、未来世代が病気を抱えるリスクを最小限に抑えることも可能になる[37]。

しかし一方で、こうした場合を除くと、ゲノム編集でなければならない医学的理由がないことにもなる。遺伝性のゲノム編集は着床前診断では回避できない病気の治療・予防のためであれば認められるが、そうでない限り、ゲノム編集よりも着床前診断を優先させるべきだというのが、現在の一般化した見方だろう。ところが、道徳的には、ゲノム編集よりも着床前診断を優先すべきという結論が常に導かれるわけではない。

たとえば、欧州ヒト遺伝学会と欧州ヒト生殖発生学会のグループがまとめた提言では、遺伝性のゲノム編集の安全性と有効性が十分に検証された場合、着床前診断ではなく、むしろゲノム編集を優先すべき理由（医学的理由に加えて経済的理由や宗教的・道徳的理由）があると述べている。繰り返し行われる体外受精や着床前診断に伴う母体へのリスクや負担を軽減したり、胚の利用を必要最低限にとどめたりできるというわけだ[38]。

また、遺伝性のゲノム編集は、生まれてくるはずだったその子どもにとって利益になると主張する者もいる[39]。着床前診断と遺伝性のゲノム編集は、発生の初期段階で介入するという意味では同じである。両者の違いは、着床前診断が病気の人（胚A）ではなく健康な人（胚B）を選択する方法であるのに対して、遺伝性のゲノム編集は病気の人（胚A）から病気の原因を取り除く行為だというのだ。

前章でも触れたように、着床前診断は、胚Aではなく胚Bを選択するという意味で、人格に影響を及ぼす行為、または人格の同一性に影響を及ぼす行為と言われる。胚Aではなく胚Bを選択することで、別の人格が生まれる、言い換えると、人格の同一性が影響を受けているというわけだ。他方、胚Aにゲノム編集を行ったとしても、生まれてくる人格に変わりはなく、胚Aの人格の同一性は影響を受けていない。遺伝性のゲノム編集が人格をベースにする行為とか、人格の同一性を保持する行為と言われる所以である（胚Aの人格形成に影響を与える、与えないということを意味しているわけではないことに注意してもらいたい）[40]。

こうした点から、遺伝性のゲノム編集を治療、または先制医療（病気が発症する前に予見的に介入する医療）だと見なす者もいる[41]。このように考える者は、安全性や有効性に関する条件が同じであれば、着床前診断よりも遺伝性のゲノム編集を支持するのだ。

上記の議論は、安全性と有効性の観点が十分に検証されたと仮定したものである。安全性と有効性に不安を残す状況では、たとえ遺伝性のゲノム編集の生殖利用を支持する道徳的理由があったとしても、未来世代にとっては利益に比べてリスクや害悪の方が大きいだろう。そのため、遺伝性のゲノム編集を断行するのはそもそも望ましくない。

しかし、もし今後、安全性と有効性が十分に確認されたとすれば、単一遺伝性疾患の治療、すなわち、遺伝子の突然変異を正常に戻すような遺伝的介入については、倫理的に認められるだろう。つまり、単一遺伝性疾患を持つ胚、またその胚から生まれる人格にとっては、遺伝的介入によって病気を治療することは利益になると言えるからだ（どの病気を治療対象にしてよいかどうかについては、すぐ後で論じることにする）。

4　どこまで認めるべきか

病気や障害の治療は差別につながるのか

セガーズとマーテスによる議論でも取り上げたが、ある病気を治療するために遺伝性のゲノム編集を行えば、その病気への差別、またその病気を抱えている人への差別的な態度につながるという批判がある。これに対する彼らの回答は、個性と結びついている病気を治療対象にするかどうかに依存するというものであった。糖尿病やがんを治療したからといって、その病気を差別したり、その病気を抱えている人への差別的な態度につながったりすることはない。しかし、ダウン症を治療対象にすれば、ダウン症を差別したり、ダウン症の人への差別的な態度につながったりするというのである。

1970年代に胎児の奇形や遺伝子異常を調べる出生前診断が導入されて以降、障害者の権利を訴える人たちは、出生前診断が障害を抱える人を差別していると批判してきた。こうした批判に対して、生命倫理学者ニコラ・ビラー＝アンドルノのグループは「選別することは改変することより良いのか？」という論文で、病気や障害に対する二つの見方、医学モデルと社会モデルを導入し、議論を整理している[42]。医学モデルとは、病気や障害を身体の機能不全や異常だとする見方であり、社会モデルとは、病気や障害を個性だとする見方だ。後者の社会モデルでは、病気や障害を抱える人が不利益を被っているとすれば、それは社会の側に原因があるのであり、社会環境を改善することでその不利益は解消されなければならない。

遺伝性のゲノム編集も、着床前診断や出生前診断も、医学モデルを採用しており、同じ目的を達成するための異なる手段だと言える。病気や障害を抱える人が不利益を被るとすれば、それは個人の側に原因があるのであり、病気や障害を取り除くことでその不利益を解消するというわけだ。健康な子どもを持ちたいと願う親は、子どもが病気や障害を抱えることで被る不利益を回避したいと考えている。

ビラー＝アンドルノたちが言うように、病気や障害に対する社会モデルが妥当だとしても、社会環境を改善するだけでは問題に十分に対処できない場合があるのも事実である。たとえば、遺伝性免疫不全症がまさにそうだ。社会モデルを採用し、この病気を個性だと見なしても、社会から細菌やウイルスを排除できない限り、病気を抱える人の疾病負担を減らすことはできない。ビラー＝アンドルノたちは、社会の側を変えるだけでは克服できない病気や障害に対しては医学モデルを採用し、遺伝性のゲノム編集によって治療することが適切だと考える。

病気や障害の治療と表出主義

他方で、病気や障害を治療対象にすることに対して、表出主義（expressivism）に基づく批判もある。表出主義とは、ある判断を行うことは、その判断を行う人の態度や欲求を表出しているという考え方だ。ある者は次のように言う。「出生前診断後の選択的中絶は、単に障害のある形質についてだけでなく、それを持つ人についても否定的または差別的な態度を表明するものであり、道徳的に問題である」[43]。表出主義の観点からは、遺伝性のゲノム編集で病気を治療することは、その病気が望まれていないだけでなく、その病気を抱えている人を差別することにもなるのである。

しかし、ある病気を持たない子どもを望むことと、すでにその病気を抱えている人を生きるに値しない命、価値の低い命と評価することは根本的に異なると考える者もいる[44]。着床前診断によって障害を選別すれば、障害を抱える人の数は減るかもしれない。しかし、医療の目的はそもそも病気を治療することであり、それによって病気を抱えている人を差別することにはならないというわけだ。肥満ではない子どもを望むことが、肥満の人が生きるに値しないとか、肥満の人は低い価値しかもたないと言えないようにである。ビラー＝アンドルノたちは、差別を減らすための対策を支持するが、表出主義に基づき、遺伝性のゲノム編集を批判すべきではないと言う。

どのような病気、障害を治療の対象にするかで、治療が倫理的に認められるかどうかが変わると考えるのは適当だろう。実際、出生前診断でダウン症と診断され、中絶するという選択は、ダウン症への差別だとか、ダウン症の人に差別的な態度につながると言われることが多い（とはいえ、日本を含め世界的に広く行われている）。確かに、ビラー＝アンドルノが言うように、ダウン症の子を持たないと判断する当人は、必ずしもダウン症を差別しているわけではないかもしれない。しかし、ダウン症を治療することと肥満を治療することとの間には直観的にも、また道徳的にも違いがあると考えるのが妥当だろう。この点はまさに、病気や障害が個性とどの程度結びついているかに依存している。もし遺伝性のゲノム編集が差別的な態度を生むことを懸念するのであれば、治療・予防を一律に禁止するというよりはむしろ、治療対象を精査する必要がある。

治療とエンハンスメントの区別はできるのか

生命倫理学者のニコラス・エイガーは「道徳的に誤っている（morally wrong）」行為と「道徳的に疑わしい（morally problematic）」行為を区別すべきだと言う[45]。道徳的に誤っている行為とは、いつの時代、どこにおいても誤っている行為のことである。たとえば、理由もなく無実の人を殺すことは、どのような場合であっても道徳的に許されない。ゆえに、それは道徳的に誤っている行為だと言える。しかし、道徳的に疑わしい行為とは、道徳的に許される行為と許されない行為の両方の要素を含むものだ。たとえば、着床前診断・出生前診断、またゲノム編集はエンハンスメントのために利用できるが、重度の遺伝性疾患の治療・予防のためにも利用できる。

遺伝性のゲノム編集に対する懸念の一つは、エンハンスメント目的での利用である。生命倫理学者のブライアン・クイックは、「遺伝子編集の倫理における「治療」と「エンハンスメント」を超えて」という論文において、治療とエンハンスメントの違いを論じている[46]。

クイックによれば、今後、エンハンスメントを目的とした遺伝性のゲノム編集が進むとすれば、それは単一遺伝子疾患の治療の成果を利用する場合だと考える。ある単一遺伝子疾患を治療するために遺伝性のゲノム編集を行い、副次的な効果として能力が向上する可能性があるが、その知見をエンハンスメントに使えるかもしれないというのだ。

たとえば、（賀が行った）CCR5 遺伝子の編集は、マウスレベルの実験において、記憶力が向上するとか、また脳卒中からの回復が早いという副次的な効果が指摘されている。この研究は、必ずしも CCR5 遺伝子を操作すれば認知機能が必ず向上するという結果ではないものの、その操作が神経の発達に何らかの影響を及ぼすことを示している。つまり、単一遺伝子疾患を引き起こす遺伝子を操作することで、望ましい形質を獲得できる可能性があるということだ。

この点を踏まえれば、エンハンスメント目的での利用は二つ考えられる。一つは、何らかの望ましい形質を獲得するために単一遺伝子を編集するというもの、もう一つは、同様の目的のために、複数の遺伝子を編集するというものである。後者について、遺伝子が特定の形質にどう関係しているのかについてはほとんど明らかになっていない。たとえば、知能には多様な要因（多様な遺伝子、発生過程の遺伝子発現、環境など）が影響することが分かっており、単に遺伝子を操作すれば知能が向上するというわけではない。仮に複数の遺伝子を同時に、かつ正確に改変できるゲノム編集が開発されたとしても、意図した形質を獲得できるかが分からないのだ。その意味で、後者のエンハンスメントが実現する見込みは低い。

だが、ここではあえて単一遺伝子を操作し、何らかのエンハンスメントが達成可能だとしよう。その場合、同じ目的を達成するための別の手段（遺伝子治療など）とどちらが優位であるかを検討し、リスク・ベネフィット評価をする必要がある。遺伝性のゲノム編集の利点は、ある段階で行う選択が子や孫など未来世代にも引き継がれることである。そのため、ある病気の原因遺伝子をいったん改変すれば、未来世代がその病気で苦しまなくてすむ。しかし、エンハンスメントに関してはこの理屈は当てはまらないだろう。同じ目的を達成するためにリスクの低い遺伝子治療（すなわち、体細胞のゲノム編集）があるにもかかわらず、リスクの高い遺伝性のゲノム編集を支持するのは難しいというわけだ。

クイックが述べるように、エンハンスメントを目的にゲノム編集を行うことがあるとしても、実質的にそれは単一遺伝子疾患の治療の副次的効果を利用する場合があるかどうかである。だが同時に彼は、もし能力（知能など）を向上させることが目的であれば、リスクの高い遺伝性のゲノム編集ではなく、リスクの低い体細胞の遺伝子治療を認める方が望ましいと考える。仮にエンハンスメント目的でゲノム編集を生殖に利用できるとしても、他の技術と比較して、あえて遺伝性のゲノム編集を優先すべき理由はないということだ。もしこれが正しいとすれば、治療目的での単一遺伝子を対象にした遺伝性のゲノム編集は道徳的に許されたとしても、それ以外の目的での遺伝性のゲノム編集は道徳的に許されないということになる。

その場合、遺伝性のゲノム編集を「道徳的に疑わしい」行為と見なした上で、その利用のされ方を明確に区別し、規制することになる。これに対して、治療を認めればエンハンスメントを認めることになると批判する人もいるだろう。この場合、法律や規制が滑りやすい坂の歯止めにならないことが示唆されている。しかし、法律や規制がエンハンスメントへの歯止めにならないと考えるのであれば、ゲノム編集以外の技術、たとえば、着床前診断にも同じことが当てはまると言える。つまり、もし着床前診断がある程度認められるのであれば、遺伝性のゲノム編集も利用目的を限定して認めることは道徳的に許されるだろう。

5　実際に進める場合、どのような手順を踏むべきか

これまで遺伝性のゲノム編集に対するさまざまな反論を取り上げてきたが、結局のところそれを認められないのは次の理由によると考える人が多い。それは、生まれてくる子ども本人の同意や安全性の問題だ。「次世代に影響を与えるよう

な生殖細胞の変更を、本人の同意なしに行うことは倫理的に問題である」。これはアメリカの国立衛生研究所（NIH）――連邦政府の科学研究費を予算配分する組織――が、生殖細胞系列のゲノム編集に関する研究に資金提供をしないことを表明した声明文からの引用である[47]。この他にも、2015年3月にアメリカの科学誌『ネイチャー』に掲載された短報、「ヒトの生殖系列を編集するな」でも、遺伝性のゲノム編集によって生じるリスクがあまりに大きく、ベネフィットは希薄だというメッセージが明確に示されている[48]。

ゲノム編集に限らず、新たな技術の是非を論じる際、しばしば安全性に訴える形で反対意見が展開される。ある行為は、安全性が十分に検証されておらず、リスクが大きすぎるというものだ。前章でも触れたように「分からないことが分からない（unknown unknowns）」という問題もある。今後、ゲノム編集技術の開発が順調に進展し、技術的課題に伴う懸念を減らしたとしても、すべてのリスクを排除できると考えるのはあまりに楽観的だろう。

リスク・ベネフィット評価から考える

前章でも扱ったように、安全性の問題とは誰が害悪を被るか、またその害悪を利益と比較してどう評価するかという問題だと言える。生命倫理学者のクリストファー・ギンジェル、トム・ダグラス、ジュリアン・サヴァレスキュの三人は、「生殖細胞系列の遺伝子編集の倫理」という論文で、遺伝性のゲノム編集における賛否を論じている[49]。

生まれてくる子どもは当然、害悪を被る対象になる[50]。そのためギンジェルたちは、子どもが被る害悪を最小化するための極めて合理的な対策を提案する。それは、安全性が保障されるまでゲノム編集を行った子どもが生まれないようにするという方法だ。たとえば、オフターゲットに関する懸念が残るのであれば、ゲノム編集を施した胚を子宮に戻さなければよい、そうすれば確実にリスクを回避できるというのである。また、生まれてくる子どもへの害悪を最小化するために、胚の着床前診断や胎児の出生前診断を導入することも提案する。全ゲノム解析を行う着床前診断、絨毛（じゅうもう）検査、超音波検査などの出生前診断を行った結果、健康面でのリスクが確認されれば胚を選別する、また胎児は速やかに中絶を行えばよいというのだ[51]。

また、リスクとベネフィットの評価という観点からは、被験者の選定にも配慮が必要である。ギンジェルたちは、ゲノム編集を用いた生殖に向けて臨床研究を進める場合、まずは生後すぐに死に至ってしまうような重篤な病気を抱えて生まれる子どもを対象にするべきだと言う。なぜなら、その子どもはゲノム編集を利用しなければ多くの苦痛を被ったり、最悪の場合、命を落としたりするからだ。したがって、子どもにとっての最善の利益を考慮すれば、遺伝子を操作して生まれてきた場合の方が、遺伝子操作せずに生まれてきた場合よりも良い結果が生じると言う。このとき、子どもから同意を得ることはできず、親が代わりに判断せざるをえないが、子どもが被る害悪を考えれば、ゲノム編集は倫理的に正当化されるのである。

このように言うと、ギンジェルたちはオフターゲットによる突然変異（ゲノムへの意図しない変化）のリスクを無視しているのではないかと批判する人もいるだろう。確かに彼らは、このリスクを最小化すべきだと考えているが、一方で、それが遺伝性のゲノム編集を一律に禁止するほど深刻だとは考えない。なぜなら普通に生活していても生殖細胞系列には突然変異が生じているからである。たとえば、父親になる時期を遅らせることで、精子における突然変異の数は増え、次世代にその影響が引き継がれることになる。

他方で、意図した変化が引き起こす予期しない害悪に関して、遺伝的介入によって短期的に望ましい結果が得られたとしても、長期的には望ましくない結果が生じる可能性がある。実際に、ある病気を予防すれば、別の病気を引き起こす可能性が高まるかもしれない。たとえば、赤血球に存在するDARC遺伝子の変異はマラリア（蚊を媒介にして感染する感染症で、適切な治療を施さない場合、最悪、死に至ることがある）への予防効果がある一方で、HIVに感染しやすくなると言われている。マラリアが流行しているが、HIVに感染している人が稀な地域で、DARC遺伝子を操作すれば、子どもの世代ではマラリアへの感染が予防できるかもしれない。しかし、孫以降の世代でHIVへの感染が爆発的に増える可能性があるというわけだ。ギンジェルたちはゲノム編集を利用する前にこうした懸念については慎重に検討する必要があるとしている。

また彼らは、遺伝性のゲノム編集によって生まれた個人が、自律性を持って生きていけるのかという問題にも目を向ける。というのも、ハーバーマスのように、個人が自律的な主体として生きていくためには偶然性が必要だと主張する者がいるからだ。生殖において遺伝的介入を行うことは、社会的な価値観に基づいて子どもの遺伝子を決定し、子供が自然に決定されるゲノムを持つ権利を奪うことになる。この意味で、個人の自律性は侵害されるというのである[52]。

さらにこの議論では、社会的影響についても考えなくてはならない。ハーバーマスは遺伝的介入によって親が子どもの遺伝子を決定する際、社会的な影響を受けると言う。しかし、たとえ遺伝的介入を行わず、普通に子どもを持ったとしても、さまざまな社会的な影響を受けるだろう。たとえば、社会的な価値観は結婚相手や食の選好に大きな影響を与えている。ギンジェルたちは、誰を相手に選ぶか、何を好んで食べるかも未来世代の遺伝子構成に直接的な影響を与えるため、私たちはすでに社会的影響を十分に受けているのだと反論する。

とはいえ、遺伝性のゲノム編集は、未来世代のゲノムに影響を与えることを意図しているため、スマホを利用する、結婚相手を選ぶ、食を選好するなどの行為とは異なるという見方もあるだろう。このように両者を区別するとしても、ギンジェルたちは、親が子どもの遺伝子を操作するだけで、（ハーバーマスの言うような）自律性が侵害されるとは考えない。彼らは、遺伝性のゲノム編集によって、ある病気に苦しまなくてすむことで、個人の自律性が促進されるのだと主張する。つまり、自律性が損なわれるのは、むしろ病気や障害を抱えて生きる場合なのだ。

このようにギンジェルたちは、遺伝性のゲノム編集に賛成する理由が反対する理由よりも大きいと考えている。

ギンジェルたちが提案するリスク・ベネフィット評価は、遺伝性のゲノム編集に伴うリスクを回避したり、最小化したりする方法としてある意味で理にかなっているだろう。しかし、彼らが被験者の第一例目として挙げる、生後すぐに死に至ってしまうような重篤な病気を抱えて生まれてくる子どもは、被験者として適切なのかという問題がある。そもそも、重篤な病気を抱える可能性が極めて高いという事実を逆手に取り、何も失うものはないので（胚に対する）遺伝的介入が正当化されるというのは、その病気を抱えて生まれてくる子どもを人質に取っているようにも見える。その意味で、むしろ着床前診断では回避できない単一遺伝子疾患を一例目にするのが適当だという見方もあるだろう。リスクもある程度想定することができ、次に見る追跡調査の範囲もある程度明らかで、遺伝子プールへの影響もないと考えられるからだ。

また、リスクを最小化したうえで、最終的にはベネフィットがリスクを上回る場合、遺伝性のゲノム編集を容認できるという主張について、追跡調査が必要であるとすると、ギンジェルたちの考えるリスクは短期的なものしか考慮できていないと言わざるをえない。彼らも言うようなゲノムへの意図しない変化だけではなく、ゲノムへの意図した変化が引き起こす予期しない害悪については、むしろ長期的な追跡調査でなければ評価できない。さらに、自律性が損なわれるのではなく、むしろ促進されるとする彼らの主張も、生涯を通して健康リスクと常に隣り合わせだということになれば、自律性は促進されるどころか、損なわれるという批判も当然生じうる。

確かにギンジェルたちのいうリスクの最小化は遺伝性のゲノム編集を行う際、最低限必要だろう。しかし、リスクを大きく見積もったうえで、それでもなお遺伝的につながりのある子どもを持ちたいという親の利害が未来世代の害悪を大幅に上回る場合でなければ、遺伝性のゲノム編集を倫理的に正当化するのは難しいだろう。

世代間の追跡調査は可能か

リスクを最小化した上で遺伝性のゲノム編集を行い、子どもを持ったとしても、その子や孫以降の世代が抱える長期的なリスクを考慮しなければ、リスクとベネフィットを適切に評価したことにはならない。このように感じる人も少なくないだろう。そもそも長期間の追跡調査が必要になるのには二つ理由がある。一つは、遺伝性のゲノム編集による副作用が生殖年齢以降に現れるかもしれないからだ。つまり、その副作用がゲノム編集によるものなのか、別の要因によるものなのかは、子や孫以降の世代も継続的に検証しなければ分からない。もう一つは、遺伝性のゲノム編集による影響は広範囲に及び、結果的に個人の形質にも大きく影響すると予想されるからである。こうした未来世代への影響の不確定性により、安全性と有効性に関して確認すべき点が増えるのだ。これは同じく追跡調査を必要とする他の生殖補助技術（顕微授精やミトコンドリア置換[53]）に比べても検証の複雑さが増すだろう。

こうした点も踏まえクイックは、「生殖細胞系列の遺伝子編集の臨床試験における世代間の追跡調査」という別の論文で、長期的な追跡調査において生じる三つの課題を提起している[54]。三つの課題とは、① 追跡調査の種類と程度、また必要となる情報の収集をどう正当化するか、② 将来的な健康リスクの所見に関して、研究者はどうカウンセリングを行い、どうリスク管理するか、③研究者と被験者の関係をどう考えるか、である。

①に関して、研究者は被験者からどのような情報を得なければならないのか、何世代追跡する必要があるのか、またなぜその情報を入手する必要があるのかを考えなくてはならない。たとえば、同じ遺伝性のゲノム編集でも、介入の目的によって必要となる情報は変わりうる。ある病原性の遺伝子を修正するゲノム編集の場合、その目的は、個人の遺伝子型（異常な状態）を野生型（正常な状態）に戻すことである。このような介入であれば、個人の遺伝子型への影響はある程度予想される。

他方で、それ以外の複数の遺伝子を操作するゲノム編集の場合、意図しない結果についても幅広く考慮する必要がある。それは、長期間にわたる追跡調査において収集する情報の種類と量が増えることを意味する。また同様の遺伝的介入を行う場合、その介入による影響であることを示すために必要な被験者の数が求められる。他の生殖技術の追跡調査においても、被験者は必ずしも追跡調査に積極的に参加しないこともあるため、いかに介入の目的の違いに応じた必要な情報を収集できるかが鍵になるのだ。

②に関して、将来的に遺伝性のゲノム編集が原因で、遺伝性の重篤な健康リスク（しかもそれが遺伝しうる）が発見されることがありうるだろう。その場合、いかに被験者や子孫にそのリスクを伝え、カウンセリングを行い、必要であれば治療を行うのかを事前に考えておく必要がある。たとえば、被験者が研究参加への中止を選択し、追跡調査から離脱した場合でさえ、研究者は被験者とその子孫を継続的に監視し、情報を収集し続けなければならない。つまり、遺伝性のゲノム編集に関して臨床研究を行い、長期的な追跡調査をするということは、被験者や子孫のプライバシーに制限をかけることを意味するのである。

プライバシーの権利に関連して、研究者は必要に応じて、被験者に関する健康情報だけでなく、極めて私的な情報（親子関係や性的関係の有無など）も入手する必要が生じる[55]。こうした追跡調査を本人の同意の元に行う場合、研究倫理上、深刻な問題が生じる[56]。このような問題を考慮すれば、被験者が研究参加の中止を希望した際、どのようにその臨床研究を成立させるのか、またそもそも成立するのかどうかも事前の検討事項になるだろう[57]。

③に関して、ゲノム編集を用いた生殖に向けた臨床研究では、研究者は被験者

に対して通常の臨床研究以上の義務を負うことになる。一般的に、臨床研究における追跡調査では、被験者が研究参加の中止を求めたり、連絡が取れなくなったりした時点で研究者の義務は終了する。しかし、遺伝性のゲノム編集の場合、研究者が負うべき負担は大きくなるだろう。研究者が負うべき被験者の健康に関する義務はその子孫など世代を超えて継承されていくからだ。もっとも、その介入が安全であったことを示すために、何世代監視しなければならないのかにもよる。

遺伝性のゲノム編集の実験的要素を考慮すれば、本当にその遺伝的介入が安全で有効かは検証しなければ分からない。その一方で、それを確認するためには（被験者やその子孫が研究参加の中止を希望したとしても）長期間にわたる追跡調査と監督が必要になる。このように、世代間の追跡調査の観点から、遺伝性のゲノム編集が倫理的に実施できるかどうかは、現在広く行われている臨床研究の倫理基準を満たす形で行えるかどうかに依存する。クイックは、もし長期間にわたる追跡調査の課題を克服できないのであれば、遺伝性のゲノム編集が利用可能になった場合でも、それをすべきではないと考えるのだ。

遺伝性のゲノム編集を行うことが倫理的に認められれば、後は自動的に臨床研究が実施され、将来のある時点で医療として一般化するというような、ある意味で幻想を抱く人がいるかもしれない。しかし、リスク・ベネフィットを適切に評価するのであれば、介入目的や安全性・有効性に関する確認項目の設定、追跡調査と監督の体制整備などが決定的に重要になる。被験者だけでなく子孫のプライバシー権の制限も含め、臨床研究における追跡調査の実施が現実的に難しいのであれば、それは遺伝性のゲノム編集を行うべきではない実用的な理由になるだろう。その意味で、クイックが提案するように、世代間の追跡調査ができる範囲でしか遺伝性のゲノム編集を容認できないというのが穏当な分析と言える。

6　遺伝性のゲノム編集の倫理的是非

これまで、三つの問い（そもそも認めてよいか、どこまで認めるべきか、実際に進める場合、どのような手順を踏むべきか）をめぐって、主要な生命倫理の議論を検証してきた。以下では、これらの問いに対する回答を簡潔に述べた後、道徳的地位の観点から遺伝性のゲノム編集の是非を考察することにしよう。

結局、遺伝性のゲノム編集は認められるのか

「遺伝性のゲノム編集は認められるのか」という問いへの私の答えは、極めて限られた条件下でのみ倫理的に正当化される、というものだ。まず、遺伝性のゲノム編集を認めるとしても、その利用は単一遺伝子疾患の治療・予防に限定すべきだろう。多遺伝子疾患の治療・予防への期待があるのは十分に理解できるが、少なくとも複数の遺伝子が原因で生じる病気に関しては知見が乏しいし、将来的にもそうした知見が十分に得られる見込みは低いかもしれない。仮に情報が揃い始めても、世代間の追跡調査に伴う課題を考慮すれば、多遺伝子疾患の治療・予防を目的にゲノム編集を行うのは倫理的に正当化されないだろう。生まれてくる子どもだけでなく、孫以降の世代の自由や権利を著しく制限することになるためだ。

私が遺伝性のゲノム編集を一切認めないという立場を採らない理由の一つは、すでに行われている遺伝子治療との一貫性を取るためである。がん治療では広く放射線治療や化学療法が行われている。これは、意図的ではないものの、予見しうる生殖細胞系列への遺伝的介入である。私たちの多くは、がん治療が倫理的に認められないとは考えていないし、その治療の影響が遺伝しうるからといって全面的に禁止すべきだと言えないだろう。この事例を考慮することなく、遺伝性のゲノム編集を全面的に禁止すべきだと主張するのは適当ではない。

とはいえ、単一遺伝子疾患の治療・予防目的にゲノム編集を行うことを例外的に認め、技術開発を進める場合でも、社会正義や不平等の問題を解消することが求められるだろう。また、遺伝性のゲノム編集に対する賛成派と反対派の対立も解消するよう積極的に対話すべきだし、例外的に遺伝性のゲノム編集を認めるとしても、技術の適用範囲が不用意に拡大されないような配慮が必要である。もしある社会で技術の適用範囲が不用意に拡大され、望ましくない帰結（優生思想や差別・偏見の助長）を生むおそれがあるのであれば（着床前診断で類似の事例が起こっている実態があるなど）、実証的な形式の滑り坂論法に訴える形で遺伝性のゲノム編集を一律に禁止することも検討すべきだろう。加えて、安全性や有効性が十分に確保され、遺伝性のゲノム編集が利用可能になった際には、利用者間で不平等が生じないよう、技術の利用資格のある人が平等に利用できるような社会制度を整える必要もある。

このように言うと、遺伝性のゲノム編集に賛成する人は、適切な手続きを踏め

ば、すぐにでも利用が可能になると期待するかもしれない。他方で、それに反対する人は、遺伝性のゲノム編集は将来的に容認される方向に進むと懸念するだろう。しかし問題はそう単純ではない。

私たちが人の胚に対してどのような道徳的義務を負うかによって、遺伝性のゲノム編集に向けた研究開発をどの程度進めるかも変わりうる。もし胚や胎児を用いた研究が（一定の条件下で）認められているならば、許容される範囲内で遺伝性のゲノム編集に向けた研究を進めることになる。胚を用いた研究において遺伝性のゲノム編集におけるリスクを最小化できてはじめて、臨床研究が視野に入るだろう。言うまでもなく、この間に多くの胚が研究利用されることになる。そのため、臨床研究に進む以前に、そもそも胚を用いた基礎研究が十分に行われない国では、遺伝性のゲノム編集は実現しないだろう。

すでに述べたように、遺伝性のゲノム編集におけるリスクとベネフィットを適切に評価するためには、世代間の追跡調査が必要不可欠になる。その調査は、生まれてくる子どもだけでなく、その子や孫の世代の自由や権利を制限し、身体的苦痛、多様な心理的苦痛・苦悩を課すことになるだろう。また、こうした世代間の追跡調査は、被験者から適切な同意を得ずに行われることを認識する必要がある（遺伝性のゲノム編集は追跡調査ゆえに非倫理的だと主張する者は少なくない[58]）。結果的に、個人の自由や権利を過度に制限する世代間の追跡調査を行うことが実施困難だということになるのであれば、遺伝性のゲノム編集を倫理的に正当化することはできないだろう。

道徳的地位の観点からどう捉えるべきか

それでは、こうした主張を道徳的地位の観点から考察することにしよう。

まず確認しなければならないのは、胚の段階でゲノム編集を行い、その結果として生まれてくる子どもの道徳的地位の問題だろう。時にゲノム編集が施された子どもは、「ゲノム編集児（gene-edited baby）」と呼ばれることがある（あたかも体外受精導入期における「試験管ベビー（test-tube baby）」のように）。そのような子どもを、その技術を用いずに生まれた子どもと道徳的な意味で区別する人がいるかもしれないが、その区別は妥当ではない。**人権を尊重する原則や道徳的行為者の権利を尊重する原則**に従い、道徳的行為者性を持たないが、有感性を持つすべての人は、道徳的行為者が持つのと同じ権利を持つと見なすべきだし、道徳的行為者性を持つ人に対しては、生命や自由への権利を含む、完全で平等な道徳上の基本的権利を持つと見なすべきだろう。つまり、生まれてきた方法で存在者への配慮を変えるのは適切ではない。

しかし一方で、遺伝性のゲノム編集の結果として生まれた子どもは、あくまで臨床研究の被験者であり、生涯を通じて追跡調査の対象になるのも事実である。その意味で、この二つの原則（人権を尊重する原則と道徳的行為者の権利を尊重する原則）は、そもそも当人の人権が著しく損なわれる行為を倫理的に正当化しないだろう。そして、人権が著しく損なわれたとしても、それを上回る利益を当人が享受できるかどうかが、単一遺伝子疾患の治療・予防目的に行われる遺伝性のゲノム編集を倫理的に認めるかどうかの鍵になる。私は、多遺伝子疾患の治療・予防を目的とした遺伝性のゲノム編集を人権を損なわない形で実施するのは困難だと考えている。

また、着床前診断と違い、遺伝性のゲノム編集は人格をベースにした（人格の同一性を保持する）行為であるため、生まれてくる子どもへの種々の害悪はより直接的なものになるだろう。非同一性問題は、生まれてくる子どもが極めて重篤な病気や障害を持たない限り、その子どもに危害を加えていることにならないと言うだろう。しかし、残虐な行為を禁止する原則（理由なく苦痛や苦悩を引き起こすべきではない）に従い、私たちは子どもなど未来世代が被る身体的・心理的な害悪をできる限り考慮すべきだし、そのような害悪をできる限り回避すべきである。

残虐な行為を禁止する原則が胚に適用されるかどうかは、国がどのような立場を採用しているかに依存するだろう。胚や胎児が完全な道徳的地位を持つと考えるのであれば、そもそもゲノム編集の生殖利用に至るまでの種々の研究を行うことはできない。また、胚がある程度の道徳的地位を持つと考えるのであれば、胚を用いた研究はルールに従い、適切に進めていく必要がある。しかしその際にも当然、胚の破壊とそれによって得られる研究目的の比較考量が求められる。

最後に考慮すべきは、尊重を推移させる原則である。この原則は、ある個人または集団が何らかの理由で大事だと見なしているもの、またなすべきでないと考える行為がある場合、それを相応に配慮する必要があるというものだ。すでに見たように、オビエド条約やヒトゲノム宣言は人間の尊厳を侵害するという理由で生殖細胞系列への遺伝的介入に反対している。人間の尊厳という概念自体の妥当性についてはすでに述べたが、遺伝性のゲノム編集に否定的な人が一定数いるという事実は考慮すべきだろう。たとえば、エンハンスメント目的での遺伝性のゲノム編集が社会的に受け入れられないという結果は多数報告されているため[59]、問題は単一遺伝子疾患の治療・予防目的での遺伝性のゲノム編集を社会的に受け入れるかどうかである。

遺伝性のゲノム編集を例外的に容認するかどうかを決定する際、多くの人が抱いている価値観を過小評価することは社会の分断を招いたり、社会の軋轢を生んだりするおそれがある。その意味では、社会の声を無視した道徳判断は社会の連帯にとって良い帰結を導かないだろう[60]。私は、単一遺伝子疾患の治療・予防目的での遺伝性のゲノム編集は倫理的に正当化されると考えているが、同時に社会の連帯への配慮（社会の利害）と未来世代への配慮（未来世代の利害）も必須だと考えている。

本書ではこれまで一貫して道徳的地位の枠組みを応用し、さまざまな存在者への道徳的義務を論じてきた。それでもなお読者の中には、具体的にどのように最終的な、または暫定的な結論を導いていけばよいのかと疑問に感じている人もいるだろう。たとえば、最終的な道徳判断を下す際に、尊重を推移させる原則をどの程度重視すべきなのか、またこの原則を採用する正当性はどこにあるのかという問題である。単に多数派の意見を尊重すればよいということなら、そもそも私たちが持っている批判的な思考は必要なくなるからだ。終章では、どのような過程を経て結論を導いていくべきなのかという、これからの生命倫理議論に向けた提言を行いたい。

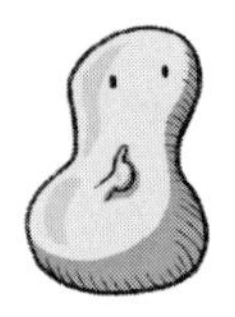

コラム5　世界初のゲノム編集を用いた生殖

2018年11月、中国・南方科技大学の研究者、賀建奎（フージュンクイ）は受精卵にゲノム編集を行い、ヒト免疫不全ウイルス（HIV）への耐性を持つルルとララという双子の女児をもうけたと発表した。具体的には、HIVが細胞に感染するのに関与しているとされるCCR5遺伝子を無効にするため、受精卵にゲノム編集を行ったというのである。発表の直後に行われた第2回ヒトゲノム編集国際サミットにおいて科学コミュニティーは、賀の行為を現時点で無責任と非難した。

賀が行った行為はリスクが大きすぎると評価されたわけだが、批判の多くは「現時点での実施は時期尚早」や「適切な手順を踏むべき」というものであった。これはゲノム編集の生殖利用は適切な手続きさえ踏めば容認されうることを示唆している。ここでいう適切な手続きとは、遺伝性のゲノム編集を実施するうえでの監視体制の整備、医療上の必要性や代替手段の欠如の確認、長期的な追跡調査整備、社会的影響への配慮など、一般的な臨床研究でも要求される基準の遵守である。今後、遺伝性のゲノム編集を研究から医療へと移行するためには、「橋渡しの経路（トランスレーショナル・パスウェイ）」を考える必要があるというのだ。

結局、賀と彼を手助けした医療関係者二人は、中国において不法な医療行為を行った罪で3年の懲役刑に処されることになった。ただし注意すべきは、人の受精卵にゲノム編集を行い、子どもをもうけたことが法に触れたわけではないという点である。これは、中国の法規制では遺伝性のゲノム編集それ自体を禁じていないからである。上記国際サミットにおける非難も、ゲノム編集を生殖利用することそれ自体の不正さではなく、適切な手順を踏まなかったことの不正さに対して向けられたものであった。適切な手続きさえ踏めばよいのかどうか、逆に言えば、遺伝性のゲノム編集は倫理的に認められるのかどうかを検討する必要性がここにある。

ちなみに、サミットの組織委員会の委員長で科学者のデイヴィッド・バルティモアは、この一件を「科学界の自主規制の失敗」と述べている。つまり、科学者が自らを規制するだけでは不十分で、別の組織が法規制を整備すべきだということを示している。

⇨ 第2回ヒトゲノム編集国際サミット声明（Organizing Committee of the Second International Summit on Human Genome Editing 2018）: https://www.nationalacademies.org/news/2018/11/statement-by-the-organizing-committee-of-the-second-international-summit-on-human-genome-editing

⇨ 米国科学・工学・医学アカデミー（2020）「遺伝性のヒトゲノム編集」: https://www.

nap.edu/catalog/25665/heritable-human-genome-editing

コラム6 オビエド条約

オビエド条約とは、1997年に欧州評議会が締結した、生命倫理に関する多国間で法的拘束力のある唯一の国際条約である（1999年に発効）。正式名称は「人権と生物医学に関する欧州条約」だが、スペインのオビエドで条約が締結されたため、「オビエド条約」と略称される。

この条約は、前文と14章（28の条文）から成るが、根幹を成すのは人間の尊厳という価値である。具体的には、あらゆる人の尊厳とアイデンティティを尊重しなければならないこと（第1条）、人を道具化するのは正当化できないこと（第2条）が明記されるとともに、三つの禁止事項――①遺伝的差別（第11条、第12条）、②生殖細胞系列への介入（第13条）、③重篤な遺伝性疾患を回避する場合を除く、男女の産み分けを目的とした生殖補助技術の使用（第14条）――が盛り込まれている（1998年には、クローン羊ドリーの作製を受け、四つ目の禁止事項として、クローン人間の作製が追加されている）。

第13条には「ヒトゲノムの改変を目的とした介入は、予防、診断、治療を目的とし、その目的が子孫のゲノムにいかなる改変も導入しない場合にのみ行うことができる」という規定があり、体細胞の遺伝子治療を予防、診断、治療目的に限定して容認する一方で、生殖細胞系列（精子・卵子や受精卵を含む初期胚）への介入を原則禁止している。両者の区別は、遺伝的改変の影響が未来世代に及ぶかどうかに依存している（とはいえ、放射線治療や化学療法などは、生殖細胞系列のゲノムを改変するリスクがある）。また、医学的な理由以外で男女の産み分けを禁止した背景には、子どもの商品化やデザイナー・ベビーの助長に関する懸念があるためだ。

この条約には、欧州連合の各国が署名・批准しているが、署名したが批准していない国（イタリア、スウェーデン、ウクライナなど）、署名していない国（イギリス、ドイツ、フランスなど）もある。署名しない理由はそれぞれ異なり、たとえばイギリスは制限が厳しいという理由で反対し、ドイツは逆に制限が緩いという理由で反対している。2017年には欧州評議会が、ゲノム編集の生殖利用の禁止を確認するとともに、未批准国に対してオビエド条約の批准、およびゲノム編集を用いた生殖を禁止するよう勧告している。

⇨ オビエド条約全文：
https://www.jus.uio.no/english/services/library/treaties/03/3-04/oviedo.xml
⇨ オビエド条約に関する文献としては次を参照：Andrno, R. 2005. The Oviedo Convention. *Journal of International Biotechnology Law* 2(4): 133–143.
⇨ 最近の欧州評議会の勧告については次を参照：Parliamentary Assembly. 2017. The use of new genetic technologies in human beings: https://assembly.coe.int/nw/xml/XRef/Xref-XML2HTML-en.asp?fileid=24228&lang=en

コラム7　ヒトゲノムと人権に関する世界宣言

1993年、国連教育科学文化機関（以下、ユネスコ）に新設された国際生命倫理委員会は、人権と遺伝学に関する国際的な生命倫理文書の起草を始めた。その後、1997年に「ヒトゲノムと人権に関する世界宣言」（以下、ヒトゲノム宣言）がユネスコ総会で採択され、翌年には国連総会で採択される。ヒトゲノム宣言は、遺伝学が人権を侵害するような形で使用されないよう、普遍的な生命倫理の基準を定めることを目的としており、生殖細胞系列への介入を禁止している。

ヒトゲノム宣言は七つのセクション（A～G）から成るが、遺伝性のゲノム編集に関係するのは、ヒトゲノム自体の保護を目的とするセクションA「人間の尊厳とヒトゲノム」（第1条～第4条）と、ヒトゲノムを対象にする研究において遵守すべき原則や禁止事項を規定するセクションC「ヒトゲノムについての研究」（第10条～第12条）である。たとえば、第1条では「ヒトゲノムは、人類社会のすべての構成員の根元的な単一性並びにこれら構成員の固有の尊厳及び多様性の認識の基礎となる。象徴的な意味において、ヒトゲノムは、人類の遺産である」と述べられている。また第10条では、生物学、遺伝学、医学等におけるヒトゲノムに関する研究および応用が、個人や集団の人権、基本的自由、人間の尊厳に勝るものであってはならないと明記されている。

⇨ UNESCO. 1997. Universal Declaration on the Human Genome and Human Rights: http://portal.unesco.org/en/ev.php-URL_ID=13177&URL_DO=DO_TOPIC&URL_SECTION=201.html
⇨ ユネスコ（文部科学省訳）「ヒトゲノムと人権に関する世界宣言（仮訳）」：https://www.mext.go.jp/unesco/009/1386506.htm

終　章
生命倫理の議論はどうあるべきか

現在、さまざまな科学技術が私たちの日常生活に浸透し、さまざまな影響を与えている。それは、良い影響（望ましい帰結）でもあれば、悪い影響（望ましくない帰結）でもある。このとき後者だけに注目し、科学技術の開発を進めるべきではないと主張するのは、受け入れがたい結論を導くかもしれないため、注意が必要だろう。たとえば、私たちは移動手段として車や電車・バス、さらには飛行機を使うが、これらは環境破壊につながっている。また、もはやスマホ（携帯電話）のない生活は不可能だと感じるほど、老若男女がスマホを利用しているが、それが生活習慣にどのような悪影響を及ぼすのかを私たちは知りえない。このように、さまざまな科学技術によって生じる（潜在的な）不利益や害悪を認識しながらも、そうした技術によってもたらされる恩恵を当たり前のように享受しているのだ。そうした恩恵を一切受けないと割り切らない限り、倫理的な問題をはらむ科学技術の開発に対して全面的に反対の立場を採るのは難しいだろう。

つまり、科学技術それ自体が道徳的に中立的なのであれば（科学技術それ自体が道徳的に良いとか悪いとか言えないのであれば）、科学技術の倫理的是非はそれをどのように利用するのかによって決まると言えるだろう。本書で私が試みたのは、科学技術が利用される際、どのような目的であれば倫理的に認められるかといった問いに、自分なりに答えを出す作業である。その際、これまで展開されてきた代表的な生命倫理の議論を批判的に検証するだけでなく、一貫して（第1章で確認した）道徳的地位の原則に依拠しながら考察してきた。

第2章〜第5章で主題的に扱った多様な存在者に対して、私たちは何らかの道徳的義務を負っていると感じている。本書では、道徳的地位の原則に依拠することで、実際のところ、私たちはそれらに対してどのような、またどの程度の道徳的義務を負うべきなのかを明らかにした。これにより読者の皆さんには、科学技術が提起する倫理問題を考える際、どのような目的で利用されるかだけでなく、当然ながら、何を対象にするか（人なのか、動物なのか、それ以外なのか）によってもその技術の倫理的是非は変わりうることを分かっていただけただろう。しかしその一方で、各章には、道徳的地位の原則を用いた分析も含め、いくつかの課題がまだ残されていると感じた人もいるのではないだろうか。

終章ではまず、これまでの議論の道筋を振り返った後、これからの議論に向けた課題と方向性を提示したい。

道徳的地位の七原則

第1章では、道徳的地位に関するさまざまな理論を俯瞰した。具体的には、生命への畏敬に基づく見方（生き物に対して道徳的配慮が必要だとする見方）、有感性に基づく見方（有感性［快楽や苦痛を感じる能力］を持つ存在者に対して道徳的配慮が必要だとする見方）、道徳的行為者性に基づく見方（道徳的行為者性［自分の行為に責任を負う能力］を持つ存在者に対して道徳的配慮が必要だとする見方）、関係性に基づく見方（家族・友人との関係性、生態系との関係性に応じた道徳的配慮が必要だとする見方）、である。前者三つが、生命（生きていること）、有感性、道徳的行為者性など、内在的特性に依拠する道徳的地位の基準であるのに対して、最後の一つは、人、動物、自然環境との関係性など、関係的特性に依拠する道徳的地位の基準である。

これまでさまざまな論者が論じてきたように、内在的特性や関係的特性のいずれかに依拠し、ある存在者に対する道徳的地位を論じるのは理にかなっている部分もある。しかし一方で、特定の道徳的地位の見方（道徳的地位の単一基準）を採用し、その正当性を強調することは、直観的にも、常識的にも受け入れがたい場合があるのも事実である。そのため本書では、より直観や常識に適う仕方として、ウォレンにならい道徳的地位の七原則（道徳的地位の複合基準）を提示した。それは、多様な存在者を同じ議論の俎上に載せ、それらに対する道徳的配慮を論じることを可能にするという利点を持っている。

ヒト化する動物を作ってよいのか

第2章では、胚盤胞補完法という技術を用いて、動物の体で人の臓器を作ることの倫理的是非を論じた。動物の体で人の臓器を作ることができれば、臓器移植や病気の原因解明、創薬などに役立つと期待されている。その一方で、この行為には、道徳的混乱が生じる、人間の尊厳が侵害される、動物がヒト化する、同研究で生み出されるキメラ動物だけでなく、研究に利用される動物の道徳的地位が不確定である、という懸念もある。

現在、多くの動物実験が、比例性の原則（目的と手段が釣り合うかどうか）と補完性の原則（目的を達成するための代替手段があるかどうか）に依拠して認められ、実施されている。その意味では、特段の倫理的配慮を必要としない限り、多くの動物実験と同様の論理で、動物の体で人の臓器を作ることは倫理的に正当化されるだろう。

従来、特段の倫理的配慮を必要とする問題とされていたのは、動物のヒト化、特に脳のヒト化であった。これに関しては、生み出されるキメラ動物の脳が道徳的にヒト化するのか、または生物学的にヒト化するのかの違いで議論を整理することができるだろう。もし、生み出されるキメラ動物が有感性だけでなく、自己意識を獲得するのであれば、**道徳的行為者の権利を尊重する原則**に従い、その存在者も、私たち人と同様、生命や自由への権利をはじめ、完全で平等な道徳上の基本的権利を持つと見なすべきだろう。つまり、たとえそうしたキメラ動物を生み出した場合にも、研究に利用することは到底認められない。

一方で、キメラ動物が自己意識を獲得していなかったとしても、人の細胞が動物の脳に含まれていることを懸念する人もいるだろう。**尊重を推移させる原則**（道徳的行為者は、個人または共同体にとって価値あるものに道徳的地位を付与し、それに対して道徳的義務を負うべきである）に従えば、もし動物（マウスやサルなど）の脳に人の細胞が含まれる研究を懸念し、反対するのであれば、すでに行われている動物（マウスやサルなど）の脳に人の細胞を移植するような研究も同様に反対する可能性が生じる。このとき、私たちが問題にしているのは、動物の脳に人の細胞が含まれることなのか、それとも動物の脳に人の細胞が含まれた結果、自己意識を獲得することなのか、あるいは両方なのかが問われてくる。

現在、胚盤胞補完法によってキメラ動物を生み出す研究では、動物のヒト化が懸念され、そのような事態を回避する措置が講じられている。しかし、今後、起こりうるキメラ動物の作製の是非を論じるためには、私たちはどのようなキメラ動物を生み出すのが倫理的に問題なのかを、またそのような動物を生み出した場合にどのように配慮すべきなのかを前もって検討しておかなければならない。

体外で人の胚や脳を作ってよいのか

第3章では、体外で作られる精子・卵子、胚、エンブリオイド、脳オルガノイドなど多様な存在者に対して、どのような道徳的義務を負うのかを論じた。近年の体外培養技術や三次元培養技術の進歩により、これまで存在しなかった存在者を生み出すことができるようになっている。これにより、発生初期に起こる人の発生のメカニズムの解明や、発生過程で生じるさまざまな病気の原因解明に役立つことが期待されている。そうした中で、これまで特に争点になってきたのが、胚やエンブリオイド、脳オルガノイドをどの程度研究に利用してよいのかという問題である。

現在、胚を用いた研究規制として、14日ルールが広く採用されている。これは、受精後14日以降、または原始線条の形成以降の胚を研究に利用してはならないというルールだ。14日ルールが採用された論理を見る限り、有感性を持っているかどうか（またその兆候が見られるかどうか）、また個人を特定するようなアイデンティティを持っているかどうかが道徳的配慮を必要とするかどうかの分かれ目になる。**残虐な行為を禁止する原則**に従えば、有感性を持たない人の胚やエンブリオイド（本章では、エンブリオイドが胚と構造的に類似しており、かつそれが適切な環境にあれば、胎児、人へと成長すると仮定した）は道徳的配慮の対象にはならず、他方、将来的に有感性を獲得した人の脳オルガノイドは道徳的配慮の対象になると言えるだろう。**人権を尊重する原則**（道徳的行為者性を持たないが、有感性を持つすべての人は、道徳的行為者が持つのと同等の道徳的権利を持つ）に照らしても、有感性の有無で道徳的配慮の対象になるかどうかが決まると考えられるので、有感性を持たない存在者、たとえば、体外で作られる精子・卵子、胚やエンブリオイド、脳オルガノイドについては道徳的に配慮する必要は必ずしもない。

しかし、おそらくこのように割り切った判断は私たちの直観や常識に反するだろう。事実、多くの国が14日ルールを支持しており、中には胚を用いた研究を全面禁止している国もある。**尊重を推移させる原則**に従えば、特に胚やエンブリオイド、脳オルガノイドに関しては、内在的特性に依拠して道徳的配慮が必要ではないと合理的に判断できる場合であっても、多くの人が価値を見出すという事実が、それらを特別に配慮する良い理由になるだろう。議論の結果、たとえば、受精後28日までの胚、受精後28日の段階までのエンブリオイドや脳オルガノイドに限り研究利用が許容されるという選択肢が提案されるかもしれない（受精後

28日まで、または受精後28日の段階までとしているのは、中絶された胎児の組織を研究利用することが認められている国もあり、受精後28日以降、胚を体外培養する必要性がないからだ)。こうした結論がはたして許容されるのかどうかが争点になる。

体外で作った精子・卵子から子どもを生んでよいか

第4章で扱ったのは、体外での配偶子形成（IVG）技術を用いて子どもを生むことの倫理的是非である。一般に生殖の場面では、親の意向が大きく反映される。言い換えれば、親の（遺伝的につながりのある）子どもを持ちたいという利害が、子や孫などの利害に優先される傾向がある。ただし私たちは、親など現在世代の利害だけでなく、子や孫など未来世代の利害も十分に考慮したうえで、IVG技術を用いた生殖の倫理性を論じなければならない。

ミルの危害原則に照らせば、他人に迷惑をかけなければ、不道徳な行為を禁止したり、道徳的な行為を強制したりすることはできない。もしこれが真だとすれば、IVG技術を用いた生殖において、個人の自由を制約することが正当化されるのは他人に害悪を引き起こす場合に限られるだろう。その一方で、パーフィットの非同一性問題に照らせば、生殖の選択によって、生まれてくる子どもが極めて重篤な障害を抱えて生まれてこない限り、その子どもに危害を加えたとは言えない。ただし、これは一見すると私たちの常識に反する結論のように思われるかもしれない。

IVG技術を用いた生殖の場合、未来世代が深刻な身体的な害悪を被る可能性は否定できないし、害悪の深刻さの程度は当事者の主観に依存するところもある。どのような身体的な害悪が生じるのかも分からない以上、そうした害悪の問題が克服されない限り、IVG技術を用いた生殖を認めるべきではないだろう。言い換えれば、**残虐な行為を禁止する原則**に従い、子や孫など未来世代が被りうる苦痛や苦悩にできる限り配慮し、そうした苦痛や苦悩を引き起こさないようにすべきだと言える。

それでは、将来的にIVG技術を用いて子どもをもうけた場合、その人の道徳的地位をどう考えるべきなのだろうか。当然ながら、自然生殖で生まれようが、生殖技術（IVG技術を含む）を用いて生まれようが、**道徳的行為者の権利を尊重する原則**に従い、道徳的行為者性を持つ人は道徳的行為者として、完全で平等な道徳上の基本的権利を持つ存在者として見なすべきだろう。

また、**尊重を推移させる原則**に従い、IVG技術によって精子・卵子が作られたとき、この技術を生殖利用することを限定的に認めるべきだという議論が生じることも予想される。たとえば、現在すでに生殖技術の利用が認められている不妊症のカップルが利用対象になるかもしれない。しかし、身体的・心理的な害悪の問題が十分に解決されていない状態では、たとえ多くの人が不妊症カップルが持つIVG技術の生殖利用への利害を支持していたとしても、未来世代の利害を優先すべきだろう。

子どもの遺伝子を操作してよいか

第5章で扱った、遺伝性のゲノム編集（精子・卵子、または胚にゲノム編集を行い、子どもを持つこと）の問題は、現在、最もホットな生命倫理の問題の一つである。2018年にはゲノム編集を用いて双子の女児が誕生している。ここでは第4章と同様に、親など現在世代の利害と子や孫など未来世代の利害の対立が表面化している。

本章では、三つの問い（そもそも認めてよいか、どこまで認めるべきか、実際に進める場合、どのような手順を踏むべきか）をめぐって、代表的な生命倫理の議論を検証した。遺伝性のゲノム編集に対する反対理由として、介入に伴う安全性の課題に加えて、人間の尊厳が侵害される、優生学につながる、すでに病気や障害を抱える人への差別につながる、エンハンスメントにつながる、などを取り上げた。その際、着床前診断で病気の遺伝を回避できない場合、遺伝性のゲノム編集は認められるのか、反対に（安全性と有効性に関する条件が同じであれば）そもそも着床前診断と遺伝性のゲノム編集のどちらを優先的に認めるべきなのか、といった点が争点であった。

「遺伝性のゲノム編集は認められるのか」という問いへの私の答えは、極めて限られた条件下でのみ倫理的に正当化されるというものである。世代間の追跡調査の困難さを考慮すれば、たとえ単一遺伝子疾患の治療・予防を目的とした遺伝性疾患は正当化されたとしても、多遺伝子疾患の治療・予防を目的としたゲノム編集は決して正当化されないだろう。それを正当化するだけの知見がなく、仮にその知見を得られたとしても、世代間の追跡調査を考慮すれば、未来世代の自由や権利を著しく制限することになるからだ。

このように言うと、遺伝性のゲノム編集全般を禁止しているように聞こえるかもしれない。しかし、私はそのような立場は採らない。なぜなら、すでに広く行われているがん治療などでも、意図的にではないものの生殖細胞系列を改変しているが、そのことで結果的にその影響が未来世代に及ぶ可能性があるからだ。未来世代に影響を及ぼしうるゲノム編集全般を禁止するのであれば、すでに広く実施されている行為も同様に禁止しなければならないことになるだろう。

道徳的地位の観点から見れば、第4章と同様、遺伝性のゲノム編集によって生まれてきた人についても、**人権を尊重する原則**や**道徳的行為者の権利を尊重する原則**に従い、有感性や道徳的行為者性の有無によって、相応の道徳的配慮をすべきだろう。自然の生殖であれ、人為的な生殖であれ、生殖の違いで道徳的配慮に差をつけることは妥当ではない。ただし、すでに述べたように、遺伝性のゲノム編集を行った場合、介入に伴う身体的な害悪に加えて、世代間の追跡調査に伴う未来世代の自由や権利の侵害が想定される。そうである以上、**残虐な行為を禁止する原則**に従い、私たちは子や孫など未来世代が被りうる身体的・心理的な害悪を考慮し、そのような害悪を回避するべきだろう。

現在のところ、遺伝性のゲノム編集は安易に認めるべきではないという認識が共有されている。オビエド条約やヒトゲノム宣言でも、遺伝性のゲノム編集に対して否定的な立場が示されている。その意味で、**尊重を推移させる原則**に従えば、単一遺伝子疾患を対象にした、治療・予防目的での遺伝性のゲノム編集を社会的に認めるのかどうかが問題になるだろう。

これからの議論に向けた三つの課題

本書で展開した議論には三つの課題があった。① 道徳的地位の原則が対立した場合、どの原則を優先的に採用するか、すなわち、優先する原則の正当性をどのように担保するか、② 各章で扱った論者たちが批判していた論拠（人間の尊厳を侵害する、優生学につながる、など）に関して、それらをさらに深く検討することで、より説得的な議論にすることができるのではないか、③ 誰が生命倫理の議論に参加するのがよいのか、またそれをどのように担保するのか、である。

これら三つの課題を克服することで、私にとって（少なくとも現時点で）理想的な科学技術政策に向けた生命倫理の議論を行い、社会レベルで望ましい結論を導くことができると考えている。もちろん、そうした議論を通して導かれる結論は、時代が変わっても一切変わらない、普遍的・不変的なものではない。むしろ、必

図1　最終的な結論を導くために注意すべき点は何か

要であれば何度でも、適切な手続きを踏んで再考し修正することが可能になるものだ（図1）。

最終的な道徳判断をいかに導くか

①に関して、本章で扱った存在者の道徳的地位を考える際、採用すべき原則に関して合意が取れないという問題に直面することが必ずあるだろう。その際、複数の原則の間からどの原則を採用すべきか、また個別の問題に関してどのような倫理問題を克服すべきかについて、私たちが持っている直観や常識などに基づいて検討を重ねる必要がある。最終的に私たちが受け入れられるような原則を採用するのが望ましいが、その際、場合によっては私たちが持っている直観や常識の方を変える必要性も生じるだろう。このように、道徳的地位の七原則のうちどの原則を採用するかを考えるうえで念頭に置いている方法論は、「反省的均衡（reflective equilibrium）」と呼ばれるものだ。これはジョン・ロールズが提唱したもので、近年、生命倫理学の分野でも採用する研究者が増えている。

ここで注意すべきは、説得力があり、かつ納得できるような結論が導かれるまで、すなわち、均衡が保たれている状態に至るまで、議論を重ねる必要があるということである。また、この議論を充実したものにするためにも、たとえば、個別の問題に関して、一般市民がどのような態度を抱いているのかを知るために、実証的な研究（意識調査やインタビューなど、社会科学的な手法による分析）も必要になるだろう。

この方法論は、多様な存在者に対する道徳的義務を最終的に判断する際に決定的に重要になる。というのも、どの原則を優先させるかによって、導かれる結論が異なる場合があるからだ。たとえば、人の脳オルガノイドを用いた研究の倫理的是非を論じる際に、脳オルガノイドがどの程度の道徳的地位を持つと見なすかによって、私たち人の利害を脳オルガノイドの利害よりどの程度優先させるのかが変わってくる。

②に関して、本書では、優生学、エンハンスメント、人間の尊厳、遺伝的多様性などに訴える議論を取り上げた。これらの概念はこれまで長らく議論が積みかねられてきたが、まだ全員が納得する形での結論には至っていない。こうした議論は、従来、科学技術政策を志向する場面というよりは、むしろ学術的な生命倫理の議論として展開されてきた。学術的な生命倫理の議論は、時間が許す限り議論することができるのに対して、科学技術政策を志向する生命倫理の議論は時間を区切って議論する必要がある。本書でそうした議論の深みをあえて扱わなかったのは、ある程度、時間が限られた中で扱うべき問題に焦点を絞って議論したいと考えたからである。

2015年、アメリカ科学アカデミーなどが主催したヒトゲノム編集に関する第1回国際サミットで、ゲノム編集の生殖利用の是非を最終的に決断する際、社会的合意を得ることの必要性が確認された。ゲノム編集に関しては、良くも悪くも社会に与える影響力が大きく、その技術をどの程度開発し、社会に導入すべきかを広く議論する必要がある。こうした議論を行うためには、モラトリアムも重要な選択肢になる（図2）。モラトリアムとは、一定期間（たとえば、3年〜5年）、研究を一時停止するというものだ。

ここで注意すべき点が二つある。第一に、とりあえず研究を一時停止するというのではなく、研究を一時停止し、その期間に、研究やその先にある臨床応用の是非を議論することが主眼だということ。第二に、モラトリアムが終わった後、研究を推進することが前提になっているわけではないということだ。議論の末、研究を推進するという選択肢以外にも、研究を停止する、または研究をこれまで以上に厳格に規制するという選択肢もありうる。モラトリアム導入に対しては、科学技術の発展を阻害するとして根強い反対もあるが、一歩立ち止まって議論が必要な場合には、迷わず研究・技術開発や医療応用を一時停止する必要があるだろう。その際にも、誰が、何を、どのように議論するのかを明確化しておくことが必要になる。

図２　必要であれば研究を一時停止し、その期間に生命倫理の議論を行う必要がある

誰が議論に参画すべきか

③に関しては、各章を読んでくれた読者の皆さんは、実際に誰が生命倫理の議論に参加すればよいのかと疑問に思ったことだろう。実のところ、この点に関しては、生命倫理学者の中でも定まった見解があるわけではない。生命倫理の問題を議論する委員会を設置している国でも、専門家が閉じた空間で議論し、市民の参加が不十分なままで政策を決定する場合がある。しかし、民主主義社会において、民主的に政策を決定するのであれば、科学や倫理の専門家が政策を決めるというエリート主義的な方法を採るよりも、むしろすべての人が合意できる方法を採るのが理想的だろう。エリート主義的な方法を採れば、意思決定のプロセスから共同体の構成員の大部分を排除し、民主主義の価値を損なうことになるからである。

近年の流れとしては、生命倫理学者を含む哲学・倫理学者、科学者、法律の専門家、社会学者、政策立案者、一般市民など多様な利害関係者が議論に参加するのが望ましいと考えられている（図3）。ある物事について判断する際、賛成意見だけでなく、反対意見も考慮することで、より良い政策につなげることができるからだ。近年、社会へ及ぼす影響が大きい科学技術の是非を論じる際には特に、市民参加の必要性が強調されるようになっている。またこうした議論では必然的に、社会的合意の重要性も指摘される。社会的合意を訴える論者が抱える課題の一つは、多様な意見を取り込むという民主主義の価値を尊重するあまりに、合理的な推論を犠牲にすることである。

限られた背景を持つメンバーが道徳判断を下したとしても、社会の理解が得ら

図３　社会に及ぼす影響が大きい科学技術の在り方を決める意思決定プロセスにおいては、科学や倫理の専門家、政策立案者など特定の利害関係者だけでなく、一般市民など多様な利害関係者が参画することが重要である。

れない場合、その判断は妥当とは言えないだろう。しかし一方で、合理的な推論を過小評価すれば、最終的な判断は場当たり的なものになる可能性がある。その意味で、本書が扱った問題に限らず、多様な利害関係者が効果的に議論に参加し、なおかつ必要十分な情報に基づいて合理的な判断を下せるような議論の枠組みを構築する必要があるだろう。

近年、国とは独立した複数の機関が生命倫理の議論を独自に展開している。代表的なものに、1991年にナフィールド財団によって設立された英国政府から独立する機関、「ナフィールド生命倫理評議会（Nuffield Council on Bioethics）」がある。ナフィールド生命倫理評議会は、生命科学や医学による健康の増進によって生じる倫理問題に関して、テーマごとに科学者や生命倫理学者などから成るメンバーを構成し、科学や倫理の視点だけでなく、社会の観点（意識調査、インタビュー、公開講演など）も導入しながら、提言をまとめている（詳しくは、同評議会のHPにある「目的と価値観（Aims and Values）」の項目を参照；https://www.nuffieldbioethics.org/about-us/aims-and-values）。こうした取り組みは、社会レベルで生命倫理を議論する際、「議論する場」も重要な要素だということを端的に物語っている。

おそらく本書を読み終えた後でも、答えのない問いに答えを出すのは骨が折れると感じたことだろう。確かに答えは簡単には見つからない。全員が意見の一致をみることはないという意味では、そのような問題に取り組み、答えを出すのは難しい。しかし、その難しさが、思考できないような難しさではないということ、また先端科学の倫理を考えるための知識と思考法があれば、自分でもある程度取り組めることも分かってもらえたのではないだろうか。私たちは複雑な問題を前にして「難しい」と思って、思考停止に陥ることも多いが、そのような状況を本書で紹介した議論を通して克服できるのでは、と私は考えている。

本書の各章で扱った問題は、私たちが将来（もしかしたらずっと先のことかもしれないし、それほどの先のことではないかもしれない）、恩恵を受けるかもしれないものばかりである。その意味で、決して私たちにとって無関係な問題だと片付けることはできないだろう。本書を通して、読者一人ひとりが、今後直面するさまざまな倫理の問題に対して、自分自身で考える力を培い、自分なりの意見を持ってもらえれば大変嬉しく思う。

注

第1章

01 Warren, A.W. 2002 (初版 1997). *Moral Status: Obligations to Persons and Other Living Things*, Oxford: Oxford University Press. 私は、同書で示されるウォレンの道徳的地位の議論におおむね同意している（同意するのは同書前半部の理論編であり、後半部の実践編には必ずしも同意していない）。しかし、ウォレンの議論に関して必要に応じて新たな知見、また正確な情報を追加するとともに、本章におけるウォレンの議論については2002年版の該当ページを記載する。

02 生物学者の中には、地球は生きていると言う人もいるし、宇宙学者の中には、宇宙もそうだと言う者もいる。生命（生きていること）を定義するのは困難であるが、食物の摂取、成長、代謝、自己複製などの特徴をどの程度持つかによって生きているかどうかが決まる。つまり、この特徴を多く持てば持つほど、ある存在が生きているとする主張の正当性が高まるというわけだ。その意味で、これらの特徴は、生命（生きていること）にとって十分条件といえる（Warren, *Moral Status*, 26）。

03 生命への意志の考え方は、アルトゥル・ショーペンハウアー（1788–1860）の形而上学に影響を受けているという（p.34）。

04 ルネ・デカルト（谷川多佳子訳）『方法序説』岩波書店、1997年。

05 ウォレンはカラザースを、デカルトの考え方を支持する形で議論を展開した哲学者として取り上げる。しかし、カラザースはその後、意識理論の立場を転向しており、ウォレンの説明は適切ではない。むしろ本文中で述べたように、契約主義の立場から動物の道徳的地位を否定する論者として理解するのが妥当である。Carruthers, P. 2011. Against the moral standing of animals. In : Morris C. (ed) *Questions of Life and Death*. New York: Oxford University Press, 274–284.

06 新カント主義でも、理性ではなく有感性を完全な道徳的地位の基礎とする。その意味で、有感性のみに依拠する見方を支持するのは、功利主義だけではない。

07 ジョン・スチュアート・ミル（川名雄一郎・山本圭一郎訳）「功利主義」『功利主義論集』京都大学学術出版会、2010年、265頁。なお引用箇所は、既存の訳を掲載する。

08 この考え方を基にミルは、「満足した豚であるよりも不満を抱えた人間である方がよく、満足した愚か者よりも不満を抱えたソクラテスの方がよい」という広く知られた主張を行う（ミル「功判主義」269頁）。

09 ピーター・シンガー（山内友三郎他訳）『実践の倫理』昭和堂、1999年。同書は第2版の邦訳で、原著は3版を重ねている（Singer, P. 2011. *Practical Ethics*, 3rd Edition. New York: Cambridge University Press）。引用箇所は、既存の訳を掲載する。

10 ウォレンがここで引用するのは、レイモンド・フレイが1986年に行った議論である。フレイは当初、利害を持つというのは信念を持つことであり、信念とは何かが分からない動物は利害を持たないと考えた（Frey, R. G. 1980. *Interests and Rights*. Oxford: Oxford University Press）。ただし、ウォレンは言及していないが、フレイはこの見方を後に撤回している。

11 ウォレンが参照するのは、環境倫理学者であるポール・テイラーの『自然の尊重』(1986年)である。テイラーは、地球上のすべての生き物は、それ自体が善を持つ目的論的システムであるため利害を持つと考えた。Taylor, P. 2011. *Respect for Nature*. Princeton, New Jersey: Princeton University Press (本書では、25周年を記念して出版された改訂版を参照).

12 Rollin, B. 2006 (初版 1981). *Animal Rights and Human Morality,* 3rd Edition. Buffalo, New York: Prometheus Books.

13 シンガー『実践の倫理』27頁。

14 シンガー『実践の倫理』第3章(特に71–75頁)。シンガーは次のように言う。「自己意識があって、抽象的に考えたり、将来の計画を立てたり、複雑なコミュニケーションを行うことなどができるとすれば、このような存在の生命はこのような能力を持たない存在の生命よりも価値があると考えても、種差別にはならないだろう」(シンガー『実践の倫理』74–75頁)。

15 シンガー『実践の倫理』81–82頁。

16 Naess, A. 1973. The shallow and the deep, long-range ecology movement. A summary. *Inquiry* 16(1–4): 95–100.

17 Leopold, A. 1968. *A Sand County Almanac*. London, New York: Oxford University Press.

18 Callicott, J. B. *In Defense of the Land Ethics*. Albany, New York: State University of New York Press, 33

19 Noddings, N. 2003 (初版 1986). *Caring*, 2nd Edition. Berkeley, Los Angeles, London: University of California Press (ネル・ノディングズ[立山善康他訳]『ケアリング 倫理と道徳の教育』晃洋書房、1997年). ここでは第2版を参照。同版では新たに追加された序言が所収されている。

20 Hume, D. 1975 (初版 1739). *A Treatise of Human Nature*, 2nd Edition, edited by L. A. Selby-Bigge, revised by P. H. Nidditch, Oxford: Clarendon Press, 1975 (デイヴィッド・ヒューム[木曾好能訳]『人間本性論 第3巻:道徳について』法政大学出版局、2019年).

21 Dworkin, D. 2013 (初版 1977). Taking Rights Seriously. London, New York: Bloomsbury Academic. (ロナルド・ドウォーキン[木下毅、野坂泰司、小林公訳]『権利論』増補版、木鐸社、2003年)。初版は1977年にハーバード大学出版局から刊行されたが、2013年にブルームズベリー出版社から再版されている。

22 ここは誤解を避けるために、シンガーがこれを明記している箇所を引用しておこう。「古典的功利主義に従えば、人々が死ぬとき未来への欲求が満たされないままに終わるという事実にはなんら直接の重要性は存在しない。もしあなたが即死するとするならば、あなたが未来にたいして欲求を持っていたかどうかということは、あなたが経験する快楽あるいは苦痛の量になんの影響も与えない。それゆえ、古典的功利主義者にとっては、『人格』の地位は、殺すことが不正であることとは直接には無関係である」(シンガー『実践の倫理』109–110頁)。とはいえシンガーは、人格ではない存在者を殺すことより、人格(パーソン)を殺すことの方がより不正だとも考える。

23 シンガー『実践の倫理』115–119頁。

24 ウォレンが指摘するように、20世紀を代表する法哲学者と言われるハーバート・ハート(1907–1992)が、シンガーの『実践の倫理』に関する書評の中(特にセクション5)でこの点を指摘している。Hart, H.L.A. 1980. Death and utility. *New York Rev Books*, May 15, 1980 (https://www.nybooks.com/articles/1980/05/15/death-and-utility/).

25 Sumner L.W. 2016 (初 版 1981). *Abortion and Moral Theory*. Princeton, New Jersey: Princeton University Press, 143–144. サムナー自身は、脊椎動物がある程度の道徳的地位を持つということを前提に、脊椎動物

（哺乳類）は下位の動物（魚類、爬虫類、両生類、鳥類）よりも生命を保護する価値があり、哺乳類（霊長類、鯨類）は下位の動物（イヌ類、ネコ類など）よりも生命を保護する価値があると大まかに分類している（144）。

26　Tooley, M. 1972. Abortion and infanticide. *Philos Pubilc Aff* 2(1): 37–56（マイケル・トゥーリー「妊娠中絶と新生児殺し」江口聡監訳『妊娠中絶の生命倫理』勁草書房、84 頁）.

27　Tooley, M. 1984. Abortion and Infanticide. Oxford: Oxford University Press, 35.

28　Locke, J. 1998 (初版 1689). *An Essay Concerning Human Understanding*, ed. R. Woolhouse. London: Penguin Classics, 288（ジョン・ロック［大槻春彦訳］『人間知性論』第 2 巻、岩波書店）. ここでは引用者の訳による。

29　Kant, I. 1797 (初 版 1689). On a supposed right to lie from altruistic motives. Prussian Academy Volume VIII; trans. by Lewis White Beck in Immanuel Kant: *Critique of Practical Reason and Other Writings in Moral Philosophy*. Chicago: University of Chicago Press, 1949; reprint: New York: Garland Publishing Company, 1976. ここでは引用者の訳による。

30　イマヌエル・カント『人倫の形而上学の基礎づけ』野田又夫編『カント（世界の名著 39)』中央公論社、1979 年、265 頁。ここでは既存の訳を掲載する。

31　カント『人倫の形而上学の基礎づけ』274 頁。

32　トム・レーガンはこのような議論を批判して次のように言う。「私が子どもを何時間拷問しても、その子どもに対して道徳的に間違ったことをしていないことになる。私が行うことに反論する道徳的根拠があるとすれば、それは別のところ、すなわち、これを行うことが私の性格（character）に及ぼす影響に求めなければならない」（Regan, T. 2004［初版 1992］. *The Case for Animal Rights*. Berkeley: University of California Press, 182、傍点はレーガン、訳は引用者）。

33　Rawls, J. 2009 (初版 1971). *A Theory of Justice*. Cambridge: Harvard University Press（ジョン・ロールズ［川本隆史、福間聡、神島裕子訳］『正義論』紀伊國屋書店、2010 年）. ドイツ語版とフランス語版の翻訳を準備するにあたり、ロールズが初版に対して寄せられた批判に応答し、1999 年に改訂版が出版された。ここでは、改訂版の邦訳を適宜参照しつつ、2009 年に再版された初版を参照する。

34　「この能力を持つ存在者は、それがまだ発達していないかどうかにかかわらず、正義の原則の完全な保護を受けることになる」（Rawls, *A Theory of Justice*, 509; ここでは引用者の訳による）。

35　Rawls, *A Theory of Justice*, 509.

36　Regan, *The Case for Animal Rights*, 243. ちなみに、マウスやラットは寿命が 2 年ほどと短く、成熟する速度も早い。生後 2 ヶ月もすれば交配が可能になるため、1 歳未満でも十分に生命の主体といえるだろう。

37　Regan, *The Case for Animal Rights*, 152.

38　Regan, *The Case for Animal Rights*, 268.

39　Regan, *The Case for Animal Rights*, 285, 357.

40　Sapontzis, S. 1982. *Morals, Reason, and Animals*. Philadelphia: Temple University Press.

41　Callicott, J. B. 1989. Animal liberation. *In Defense of the Land Ethics*.

42　Regan, *The Case for Animal Rights*, 362.

43　Steinbock, B. 1978. Speciesism and the idea of equality. *Philosophy* 53(204): 253.

44　たとえば、中間的な基準を提案する論者として、現代イギリスの生命倫理学者ジョン・ハリスがいる。ハリスによれば、自分自身、また他人を大切にする能力があることが人格であることの特徴である。人格を殺すことが不正なのは、その人格が大切にしているものを奪うことになるからである（Harris, J. 1985. *The Value of Life*. London: Routledge, 17）。確かにハリスの人格（パーソン）の定義は、カントほど排他的でなく、レーガンほど包括的でないといえるが、その一方で結局は類人猿を除く多くの動物、また新生児や一部の精神障害者もこの定義から漏れてしまう。そのためウォレンはハリスの提案する中間的な基準も魅力的ではないという（Warren *Moral Status*, 120）。

45 Callicott, *In Defense of the Land Ethics*.

46 Hume, D. *A Treatise of Human Nature*, Of Moral [Vol. 3].

47 Leopold, *A Sand County Almanac*.

48 Midgley, M. 1983. *Animals and Why They Matter*. Athens: University of Georgia Press, 112.

49 Callicott, *In Defence of Land Ethics*, 55–56.

50 Callicott, *In Defence of Land Ethics*, 55.

51 Midgley, *Animals and Why They Matter* 28–29.

52 Noddings, *Caring*.

53 Noddings, *Caring*, "Cireles and Chain."

54 Noddings, *Caring*, "Obligation."

55 Noddings, *Caring*, "Our relation with animals."

56 Noddings, *Caring*, "Obligation."

57 Noddings, *Caring*, "Introduction".

58 直観や常識を基に道徳判断を下すことに対しては批判もある。たとえば、人種差別、また性差別は残存しているものの、これらに対しては多くの人が反対するだろう。しかし、たとえば100年前は現在では許されないような人種差別や性差別をはじめとする差別が常識とされていた。その意味で、常識を普遍の基準にすることには問題があるといわれている（Gruzarski, B. 2000. Review of "Warren, *Mary Anne. Moral Status: Obligations to Persons and Other Living Things*. New York: Oxford University Press, 1998. pp. 265. $37.50 (cloth)," *Ethics* 110(3): 645–649）。

59 Regan, *The Case for Animal Rights*, 285–286.

60 自律尊重の原則は今や、医療現場の問題にとどまらず生命倫理上のさまざまな問題において用いられている。Beauchamp, T.L. and Childress, J.F. 2019. *Principles of Biomedical Ethics*, 8th Edition. New York: Oxford University Press. 同書は初版が1979年だが、これまでに8版を重ねる生命倫理学の古典の一つである。邦訳としては第5版が最新である（トム・ビーチャム、ジェイムズ・チルドレス［立木教夫、足立智孝訳］『生物医学倫理　第5版』麗澤大学出版会、2009年）。

61 ウォレンは原則の間には優劣があると言うが、私もその考えに同意する。つまり、どの場面でどの原則を採用するかは当然考えるべきだろう。その一方で、私がウォレンに同意できない点があるとすれば、それはある場面において採用する原則間の優劣である。

第2章

01 国際社会でもその動向が注目を集めているこの研究は、日本では動物性集合胚研究（ES細胞、iPS

細胞など人の細胞を入れて作られる胚を「動物性集合胚」と呼ぶ)、海外では「人と動物のキメラ研究(human-animal chimera research)」などと呼ばれている。

02　移植希望登録者数、および移植件数の最新のデータについては、日本臓器移植ネットワーク（日本で臓器移植を仲介する公益社団法人）のホームページで確認することができる（https://www.jotnw.or.jp/data/)。

03　DeWitt, N. 2002. Biologists divided over proposal to create human-mouse embryos. *Nature* 420(6913): 255.

04　Robert, J. and Baylis, F. 2003. Crossing species boundaries. *Am J Bioeth* 3(3): 1–13. ロバートとベイリスは論文の最後で、道徳的混乱に訴える議論を支持しているわけではないと述べ、後にはこの議論の有効性を否定している（Baylis F. and Robert J. 2007. Part-human chimeras. *Am J Bioeth* 7(5): 41–45; Baylis, F. 2008. Animal eggs for stem cell research. *Am J Bioeth* 8(12): 18–32)。

05　シンガーは、未来に対して恐怖や不安を覚えることのない動物の研究利用が正当化される場合があるという議論の流れで次のように言う。「むろんこのことが意味しているのは、動物実験を行うことが正しいということではなく、ともかくも実験をする必要があるのなら正常な成人よりは動物を用いる方を選ぶことには何か根拠がある、それも何か種差別とは違う根拠があるということにすぎない。しかしながら、注意しなければならないのは、この同じ議論が成人よりも幼児——おそらくは孤児——や重度の知的障害を持つ人間を実験に用いる方を選ぶ根拠になるということである。というのも幼児や重度の知的障害を持つ人間も自分たちの身に何が起ころうとしているのか何も理解しない筈だからである。この議論に関する限り、人間以外の動物も幼児も重度の知的障害を持つ人間も同類である。もしこの議論を用いて動物実験を正当化するとすれば、幼児や重度の知的障害を持つ成人に対する実験も認める覚悟があるかどうか、自分自身に問うてみなければならない」（シンガー『実践の倫理』72–73 頁)。

06　Karpowicz, P. et al. 2004. It is ethical to transplant human stem cells into nonhuman embryos. *Nat Med* 10(4): 331–335; Karpowicz, P. et al. 2005. Developing human-nonhuman chimeras in human stem cell research. *Kennedy Inst Ethics* J 15(2): 107–134.

07　Karpowicz et al. 2005: 120; Cohen 2007:125. Beyond the human neuron mouse to the NAS Guidelines. *Am J Bioeth* 7(5): 46–49.

08　Karpowicz et al. 2005: 121.

09　人であることが（人間の）尊厳の有無を判断する際にどの程度重要かを判断するために、パラシオス＝ゴンザレスは、アメリカのSFテレビドラマ『スタートレック』に関する思考実験を導入する。『スタートレック』には異星人スポックが登場する。このスポックは道徳的行為者性を持つが、ホモ・サピエンスの種には属していない。しかし、おそらく多くの人が、スポックは人ではなくても、その内在的特性ゆえに尊厳を持つと考えるだろう。もしそうだとすれば、尊厳を持つかどうかを判断する際、人であることは十分条件であったとしても、必要条件ではないのである（Palacios-González, C. Human dignity and the creation of human-nonhuman chimeras. *Med Health Care Philos* 18(4): 487–499.)。

10　Hyun, I. 2016. What's Wrong with human/nonhuman chimera research? *PLOS Biology* 14(8); Hyun, I. 2018. The ethics of chimera creation in stem cell research. *Curr Stem Cell Rep* 4(3): 235–239.

11　De Los Angeles, A. et al. 2019. Human-monkey chimeras for modeling human disease. In: Hyun I, De Los Angeles

A (eds) *Chimera Research*. New York: Humana Press, 221–231.

12 De Los Angeles, A. et al. 2019: 228–229.

13 Palacios-González, C. 2015. Ethical aspects of creating human-nonhuman chimeras capable of human gamete production and human pregnancy. *Monash Bioeth Rev* 33(2–3): 181–202; Palacios-González. 2017. Chimeras intended for human gamete production. *Reprod Biomed Online* 35(4): 387–390; Greely, H.T. 2011. Human/nonhuman chimeras. In: Beauchamp T, Frey R (eds) *The Oxford Handbook of Animal Ethics*. Oxford: Oxford University Press, 684.

14 Greely 2011; Palacios-González 2015: 192.

15 Greely 2011: 686.

16 Palacios-González 2017: 387–390.

17 人の卵子を入手する方法はほかにもいくつか考えられる。たとえば、対価（インセンティブ）を払い卵子を提供してもらうとか、中絶された胎児から卵子を採取するとか、死体から卵子を採取するといった方法だ。さらに、将来的に多能性幹細胞から卵子を作るという方法もある。パラシオス＝ゴンザレスは、いずれも倫理問題と規制上の制約があることを検討したうえで、体外で多能性幹細胞から卵子を作る研究を積極的に推進すべきだとも言う。

18 文部科学省「動物性集合胚を用いた研究の取扱いについて」2018年、4頁：https://www.lifescience.mext.go.jp/files/pdf/n2043_05.pdf（2021年6月28日最終閲覧）。

19 皮膚移植（植皮）は一般的に、移植した皮膚が移植先で生着し機能することを期待しておらず、あくまで一時的な処置にとどまる。

20 Koplin, J. and Wilkinson, D. 2019. Moral uncertainty and the farming of human-pig chimeras. *J Med Ethics* 45(7): 440–446.

21 Koplin, J and Wilkinson, D. 2019. How should we treat human-pig chimeras, non-chimeric pigs and other beings of uncertain moral status? *J Med Ethics* 45(7):457–458.

22 日本動物実験代替法学会ホームページを参照：http://www.asas.or.jp/jsaae/outline/index.html (2021年6月28日最終閲覧)。

23 Institute of Medicine and National Research Council. 2012. *International Animal Research Regulations*. Wachington: National Academies Press: 41.

24 Gosepath, S. 2001. Equality. *The Stanford Encyclopedia of Philosophy*: https://plato.stanford.edu/archives/sum2021/entries/equality/（2021年6月28日最終閲覧）; アリストテレス（渡辺邦夫・立花幸司訳）『ニコマコス倫理学』上下、光文社、2015、2016年。

25 National Institutes of Health. 2019. NIH will no longer support biomedical research on chimpanzees: https://www.nih.gov/about-nih/who-we-are/nih-director/statements/nih-will-no-longer-support-biomedical-research-chimpanzees（2021年6月28日最終閲覧）.

26 山下博司・岡光信子『インドを知る事典』東京堂出版、2016年、282–283頁。

27 文部科学省「特定胚の取扱いに関する指針」2001年：https://www.lifescience.mext.go.jp/files/pdf/30_79.pdf（2021年6月28日最終閲覧）。

28 文部科学省「特定胚の取扱いに関する指針」2019年：https://www.lifescience.mext.go.jp/files/pdf/

n2163_03.pdf (2021 年 6 月 28 日 最 終 閲 覧); Sawai et al. 2019. Japan significantly relaxes its human-animal chimeric embryo research regulations. *Cell Stem Cell* 24(2): 513–514.

第３章

01 Deglincerti, A. et al. 2016. Self-organization of the *in vitro* attached human embryo. *Nature* 533(7602): 251–254; Shahbazi, M. et al. 2016. Self-organization of the human embryo in the absence of maternal tissues. *Nat Cell Biol* 18(6): 700–708.

02 Warmflash, A. et al. 2014. A method to recapitulate early embryonic spatial patterning in human embryonic stem cells. *Nat Methods* 11(8): 847–854; van den Brink, S. et al. 2014. Symmetry breaking, germ layer specification and axial organisation in aggregates of mouse embryonic stem cells. *Development* 141(22): 4231–4242.

03 Eiraku, M. et al. 2008. Self-organized formation of polarized cortical tissues from ESCs and its active manipulation by extrinsic signals. *Cell Stem Cell* 3(5): 519–532.「大脳オルガノイド」という用語が初めて用いられたのは 2013 年のことである。Lancaster, M. et al. 2013. Cerebral organoids model human brain development and microcephaly. *Nature* 501(7467): 373–379.

04 Trujillo, C. et al. 2018. Complex oscillatory waves emerging from cortical organoids model early human brain network development. *Cell Stem Cell* 25(4): 558–569.

05 Putnam, H. *Reason, Truth and History*. Cambridge, New York, Melbourne: Cambridge University Press（ヒラリー・パトナム［野本和幸他訳］『理性・真理・歴史　新装版』法政大学出版局、2011 年、第 1 章を参照).

06 Geijsen, N. et al 2004. Derivation of embryonic germ cells and male gametes from embryonic stem cells. *Nature* 427(6970): 148–54; Toyooka, Y. et al. 2003. Embryonic stem cells can form germ cells in vitro. *Proc Natl Acad Sci U S A* 100(20): 11457–11462; Hubner, K. et al. 2003. Derivation of oocytes from mouse embryonic stem cells. *Science* 300(5623): 1251–1256.

07 Gómez-Lobo, A. 2004. Does Respect for Embryos Entail Respect for Gametes? *Theo Med Bioeth* 25: 199–208.

08 この能動的潜在性に訴える議論では、胚がなぜ、またどの程度の道徳的地位を持つのかについては何も語っていない。しかし中には、胚が人に成長するとしても、胚を人のように扱うべきべきではないと反論する者もいる（Harris, *The Value of Life*.)。

09 Warnock, M. 1984. *Report of the Committee of Inquiry into Human Fertilisation and Embryology*. London: Her Majesty's Stationery Office: https://www.hfea.gov.uk/media/2608/warnock-report-of-the-committee-of-inquiry-into-human-fertilisation-and-embryology-1984.pdf. 翌 1985 年には、ウォーノックの序文を付した書籍が出版されている（Warnock, M. 1985. *A Question of Life*. Oxford: Basil Blackwell［メアリー・ワーノック［上見幸司訳］『生命操作はどこまで許されるか』協同出版、1992 年]). 14 日ルールを支持する初期の見解として、1979 年にアメリカの保健教育福祉省がまとめた報告書もある（US Ethics Advisory Board, Department of Health, Education and Welfare 1979. *HEW Support of Research Involving Human In Vitro Fertilization and Embryo Transfer*. Ethics Advisory Board, Department of Health, Education and Welfare)。

10 Human Fertilisation and Embryology Act 1990. Chapter 37. http://www. legislation.gov.uk/ukpga/1990/37/contents

11 Matthews, K. and Morali, D. 2020. National human embryo and embryoid research policies. *Regen Med* 15(7):

1905–1917. 現在、ヒト胚の研究を進めている国の多くは 14 日ルールを採用している。たとえば、イギリス、アメリカ、日本の他には、オーストラリア、ベルギー、カナダ、中国、インド、オランダ、スペイン、韓国、スウェーデン、台湾などである。一方、ヒト胚の研究をまったく認めていない国、また 14 日ルールではなく、7 日ルールを採用している国もある。たとえば、認めていない国は、オーストリア、ドイツ、イタリア、ロシア、トルコ、また 7 日ルールを採用している国はスイスである。

12 Cavaliere, G. 2017. A 14-day limit for bioethics. *BMC Med Ethics* 18(1): 38.

13 ウォーノックは、*A Question of Life* の序文で 14 日という日数の意義を次のように言う。「我々は・・・14 日間という期限を勧告した。しかし実は正確な日数をいつにするかというよりも、受精後の日数で定められた使用期限の設定が絶対的に必要だったのである。この決定方法によれば、法律は明瞭なものとなるからである。もし研究の期限が、発生段階や、胚が苦痛を感じる能力に寄って決められることになれば、こうした期限は論争の核心になることは必定である。しかし期限を日数で決めれば、単純に数字の問題となり、論争の生じる余地がない。これが委員会の論理であった。」(ワーノック『生命操作はどこまで許されるか』、30–31 頁)。

14 Appleby, J. and Bredenoord, A. 2018. Should the 14-day rule for embryo research become the 28-day rule? *EMBO Mol Med* 10: e9437.

15 McLully, S. 2021. The time has come to extend the 14-day limit. *J Med Ethics* Published Online First: 02 February 2021.

16 Mclully 2021; Kingma, E. 2017. Moral status and the properties of the embryo. *Human embryo culture*: Nuffield Council of Bioethics: 73–77.

17 ブレデンヌードが著者に入っている最近出版された論文でも同様の指摘がなされている。Hyun, I. et al. 2021. Human embryo research beyond the primitive streak. *Science* 371(6533): 998–1000.

18 この点を指摘する論者は多い。Cavaliere 2017; Chan, S. 2018. How and why to replace the 14-day rule. *Curr Stem Cell Rep* 4(3): 228–234.

19 Piotrowska, M. 2020. Avoiding the potentiality trap. *Monash Bioeth Rev* 38(2):166–180; Piotrowska, M. 2021. Research guidelines for embryoids. *J Med Ethics* Published Online First: 05 January 2021.

20 Rivron, N. et al. 2018. Blastocyst-like structures generated solely from stem cells. *Nature* 557: 106–111; Rivron, N. etal. 2018 Debate ethics of embryo models from stem cells. *Nature* 564(7735): 183–185.

21 彼女は有感性の兆しも候補になると言う。有感性の兆しを持つかどうかは、実際に有感性を持っていなくても有感性を持ちうる存在者と見なす根拠になるため、予防的な措置と見なすことができる。しかし、この措置は厳しすぎるという意見もあるだろう。なぜなら、有感性の兆しが道徳的配慮の根拠になるのであれば、大脳を模した脳オルガノイドが道徳的地位を持つ可能性が出てくるからだ。

22 Castelyn, G. 2020. Embryo experimentation. *Monash Bioeth Rev* 38(2): 181–196.

23 ここには三つの主張――① 受精後 14 日までに双子になる可能性がある、② 双子になる可能性がなくなって初めてアイデンティティが決定した個人が誕生する、③ アイデンティティが決定した個人が誕生することが道徳的地位にとって重要である――が含意されている(Castelyn 2020)。

24 なお、結合双生児は、受精後 13 ~ 17 日の間に生じると言われている(Castelyn 2020; Hall, J. 2003. Twinning. *Lancet* 362(9385): 735–743; Weber, M. and Sebire, N. 2010. Genetics and developmental pathology of

twinning. *Semin Fetal Neonatal Med* 15(6): 313–318; McNamara, H. et al. 2016. A review of the mechanisms and evidence for typical and atypical twinning. *Am J Obstet Gynecol* 214(2): 172–191)。一般には、結合双生児の原因は遺伝子異常が原因と言われることもあるが、双子の可能性が争点であるなら、異常の有無は重要ではないかもしれない。

25　Castelyn 2020; Dawson, K. 1990. Segmentation and moral status in vivo and in vitro. *Bioethics* 2(1): 1–14; Oderberg, D. 2008. The metaphysical status of the embryo. *J Appl Philos* 25(4): 263–276; Ford, N. 1988. *When did I begin?* Cambridge: Cambridge University Press.

26　適切な環境と意図・目的があれば、胚以外の存在者も人へと成長する能動的潜在性を持つ。人の発生において、胚盤胞を構成する内部細胞塊（正確には後期胚盤胞の中でもエピブラスト）が将来的に胎児、つまり人になる部分であることが分かっている。したがって、内部細胞塊（正確にはエピブラストと呼ばれる内部細胞塊から発達する細胞層のこと）に相当する多能性幹細胞（iPS 細胞、ES 細胞）や、エピブラストを含むエンブリオイドは、適切な環境で培養させれば通常発生が進むと考えられる。現在、体外発生技術（体外で人の発生を完全に再現する技術）は確立していないが、将来的にこのような実験を実施したいと考える者はいるだろう。

27　2020 年 7 月、中絶された胚（受精後 16 〜 19 日に相当）の研究利用に関してある論文が発表された。問題は、中絶胚とはいえ、まだ生きている胚が研究のために提供・利用されている点だ（Tyser, R. et al. 2020. A spatially resolved single cell atlas of human gastrulation. *bioRxiv* https://www.biorxiv.org/content/10.1101/2020.07.21.213512v1）。現在、受精後 14 日以降の胚を研究に利用することはできない。しかしその胚は、内科的な方法（服薬）で中絶を行い、死にゆくものとして体外に出された潜在的な人である。

28　たとえば、カリフォルニア大学サンディエゴ校の脳神経科学者アリソン・ムオトリたちが、体外で作製された人の脳オルガノイドから新生児の脳波に類似した波形を検出したと発表したり（Trujillo, C. et al. 2019. Complex oscillatory waves emerging from cortical organoids model early human brain network development. *Cell Stem Cell* 25(4): 558–569）、ハーバード大学のパオラ・アルロッタらが、人の脳オルガノイドを長期間培養し、網膜の細胞を含む神経ネットワークを獲得させた結果、その脳オルガノイドが光に反応したという報告を行ったりしている（Quadrato, G. et al. 2017. Cell diversity and network dynamics in photosensitive human brain organoids. *Nature* 545(7652): 48–53）。また最近では、脳オルガノイドを脊髄オルガノイドや骨格筋オルガノイドと結合したという報告も見られる（Andersen, A. et al. 2020. Decoding individual identity from brain activity elicited in imagining common experiences. *Nat Commun* 11(1): 5916）。

29　Sawai, T. et al. 2018. The ethics of cerebral organoid research. *Stem Cell Rep* 13(3): 440–447; Sawai, T. et al. 2021. Mapping the ethical issues of brain organoid research and application. *AJOB Neurosci*: 1–14.

30　Block, N. 1985. On a confusion about a function of consciousness. *Behav Brain Sci* 18(2): 227–247.

31　Koplin, J. and Savulescu, J. 2019. Moral limits of brain organoid research. *J Law Med Ethics* 47(4), 762; Lagercrantz, H. 2014. The emergence of consciousness. *Semin Fetal Neonatal Med* 19(5): 300–305; Lee, S. et al. 2005. Fetal Pain. *JAMA* 294(8): 947–954; Brugger, E. 2012. The problem of fetal pain and abortion. *Kennedy Inst Ethics J* 22(3): 263–287.

32　Koplin and Savulescu 2019: 763; Beauchamp, T. and DeGrazia, D. 2019. *Principles of Animal Research Ethics*. New York: Oxford University Press.

第4章

01　2011年、京都大学の科学者・斎藤通紀のグループは、アメリカの科学誌『サイエンス』に、マウスのES細胞ならびにiPS細胞から作った精子を用いてマウスを誕生させたと発表した。翌2012年には同様の方法で卵子を作り、その卵子を用いてマウスを誕生させることに成功している。精子・卵子は、通常、生殖巣（オスであれば精巣、メスであれば卵巣）で形成されるが、斎藤たちはその形成過程の一部を体外で再現した。そして、幹細胞から作った精子・卵子が通常の精子・卵子と同じ機能を持つかどうかを検証するために、それらを受精させ、マウスを生み出したのだ（Hayashi, K. et al. 2011. Reconstitution of the mouse germ cell specification pathway in culture by pluripotent stem. *Cell* 146(4): 519–32; Hayashi, K. et al. 2012. Offspring from oocytes derived from in vitro primordial germ cell-like cells in mice. *Science* 338(6109): 971–975)。

02　日本では中絶された胎児の研究利用が認められている。ただし、血液の細胞を研究に利用するのと同じようには、中絶された胎児を研究に利用することを認めるべきではないと考える人も少なくないだろう。中絶胎児の研究利用は慎重な判断を要する問題ではある一方で、研究の在り方をめぐってこれまで十分に議論されてきたわけではない（日本の議論状況としては、2002年〜2005年に行われた、厚生科学審議会科学技術部会の「ヒト幹細胞を用いた臨床研究の在り方に関する専門委員会」を参照。議論の経緯は、玉井真理子・平塚志保編『捨てられるいのち、利用されるいのち』生活書院、2009年に詳しい)。

03　日本産婦人科学会「令和元年度倫理委員会　登録・調査小委員会報告」2020年：http://fa.kyorin.co.jp/jsog/readPDF.php?file=72/10/072101229.pdf

04　なぜ凍結胚の出生割合が多いのかについて、産科婦人科学が専門の石原理は、女性の子宮に移植するタイミングを自由に決めることができる点を挙げる。他にも、凍結胚の利用の場合、子宮外妊娠の発生頻度が顕著に低くなる点が影響している。石原理『生殖医療の衝撃』講談社、2016年（特に第1章を参照)。

05　2003年から2004年にかけてマウスのES細胞から精子・卵子が作られたが、その研究成果に科学者のジュゼッペ・テスタと生命倫理学者のジョン・ハリスの二人がいち早く反応した。2004年に出版された論文は短報であったが、著名な科学誌『サイエンス』に掲載されたこともあり、それ以降、IVG技術を用いた生殖が検討課題として広く認識されることになった（Testa, G., and Harris, J. 2004. Genetics. Ethical aspects of ES cell-derived gametes. *Science* 305(5691): 1719; Testa, G., and Harris, J. 2005. Ethics and synthetic gametes. *Bioethics* 19(2): 146–166)。彼らが提起したのは、自然な精子・卵子、人工的な精子・卵子を用いて子どもを持つことの道徳的違いの問題、安全性の問題、人工的に卵子を作ることができれば女性の負担が軽減されるという問題、同性カップルが子どもを持つことの問題、生殖細胞系列を操作することの問題である（Testa and Harris 2005)。彼らは必ずしも徹底的に議論したわけではないが、このときすでに本章で扱う問題に関して多くの重要な論点が示されていたことが分かるだろう。

06　中には、どのような目的で認めるか（それが治療目的なのか、予防目的なのか、それともそれ以外の目的なのか）という問題を争点にする者もいる（Bourne, H. et al. 2012. Procreative beneficence and *in vitro* gametogenesis. *Monash Bioeth Rev.* 30(2): 29–48; Sparrow, R. 2014. In vitro eugenics. *J Med Ethics* 40(11): 725–731)。

07　Mill, J. S. 1859.*'On Liberty' and Other Writing*. Cambridge: Cambridge University Press（ミル［斉藤悦則訳］『自由論』光文社、2012 年）.

08　ミルのいう危害に関しては、『自由論』ではなく、同書の 2 年後に発表された『功利主義』に明らかである。この点については、米原優「危害原理における『危害』とは何か」『静岡大学教育学部研究報告　人文・社会・自然科学篇』に詳しい。併せて、以下も参照。ジョン・スチュアート・ミル（川名雄一郎、山本圭一郎訳）「功利主義」『功利主義論集』京都大学学術出版会、2010 年、253–354 頁。

09　欧米の倫理学では、幸福の見方を次の三つに分類するのが一般的である（Parfit, D. 1984. *Reasons and Persons*. Oxford: Oxford University Press［デレク・パーフィット（森村進訳）『理由と人格』勁草書房、1998 年］）。① 心的状態説（快楽や苦痛などの心的状態）、② 欲求充足説（当人の欲求を充足すること）、③ 客観的リスト説（あるものが当人の利害になること）である。①は、すべての快楽が利益であり、すべての苦痛が不利益であるということ、②は、当人の欲求（望むこと）が充足されることが利益になるということ、③は、人の欲求や信念とは独立して（客観的に）存在する、善いものを持つことが利益になるということである。

10　ハートとはオックスフォード大学の哲学者ハーバート・ハート、デブリンとはイギリスを代表する裁判官パトリック・デブリンのこと。

11　1952 年に出版された『米国精神疾患の診断・統計マニュアル』には、同性愛が精神障害の一つに挙げられており、1973 年になってようやく、精神障害のリストからら削除されることが決まったという。Dunn, M and Hope, T. 2018. *Medical Ethics,* 2nd *Edition*. Oxford: Oxford University Press（マイケル・ダン、トニー・ホープ［児玉聡、赤林朗訳］『医療倫理超入門』岩波書店、2020 年、81 頁）.

12　児玉聡 . 2010.「ハート・デブリン論争再考」『社会と倫理』(24): 181–199.

13　パーフィット『理由と人格』489 頁 .

14　14 歳の少女はそうした説得に対して次のように答えると仮定される。「これは私の問題である。私が自分にとって悪いことになることをしているとしても、私は自分のしたいことをする権利を持っている」（パーフィット『理由と人格』489 頁）。ここでは既存の訳を掲載する。

15　Bourne et al. 2012; Savulescu, J. 2001. Procreative beneficence. *Bioethics* 15(5–6): 413–426（ジュリアン・サヴァレスキュ［澤井努訳］「生殖の善行——私たちが最善の子どもを選ぶべき理由」『いのちの未来』創刊号、100–114 頁）.

16　Habermas, J. 2003. *The Future of Human Nature*. London: Polity Press（ユルゲン・ハーバーマス［三島憲一訳］『人間の将来とバイオエシックス』法政大学出版局、2004 年）.

17　Palacios-Gonzalez, C. et al. 2014. Multiplex parenting. *J Med Ethics* 40(11): 752–758.

18　Sparrow, R. 2014. In vitro eugenics. *J Med Ethics*. 40(11): 725–731.

19　Sparrow, R. 2012. Orphaned at conception. *Bioethics* 26 (4):173–181.

20　Somerville, M. 2003. The case against "same-sex marriage": https://www.catholiceducation.org/en/controversy/marriage/the-case-against-same-sex-marriage.html

21　Manning, J. 2014. Communicating sexual identities. *Sex Cult* 19: 122–138.

22　Smajdor, A. and Cutas, D. 2015. Artificial Gametes. Nuffield Council on Bioethics background paper: https://www.nuffieldbioethics.org/wp-content/uploads/Background-paper-2016-Artificial-gametes.pdf

23　Kass, L. 1997. The wisdom of repugnance. *New Republic* 216(22): 17–26.

24　ダン、ホープ『医療倫理超入門』。

25　ジョージ・エドワード・ムア（泉谷周三郎、寺中平治、星野勉訳）『倫理学原理』三和書籍、2010年。

26　Hume, D. *A Treatise of Human Nature, 2nd Edition*, edited by L. A. Selby-Bigge, revised by P. H. Nidditch, Oxford: Clarendon Press, 1975（デイヴィッド・ヒューム［木曾好能訳］『人間本性論 第3巻　道徳について』法政大学出版局、2019年）.

27　Cutas, D. and Bortolotti, L. 2010. Natural versus assisted reproduction. *Stud Ethics Law Technol* 4 (1): 1–18.

28　Smajdor, A. et al. 2018. Artificial gametes, the unnatural and the artefactual. *J Med Ethics* 44（6）: 404–408.

29　最近は、人工配偶子や合成配偶子の代わりに、「幹細胞から作られる配偶子（stem cell-derived gametes）」や「体外で作られる配偶子（*in vitro*-derived gametes）」などと価値中立的に用語を使用することが増えている。本稿でも人工配偶子や合成配偶子という用語を用いていないのはその理由からである。

30　Testa and Harris 2005.
機能が同じであれば、精子・卵子が体外で作られたかどうかは道徳的に重要ではないというのは私の直観にも適っている。体外で作られた精子・卵子を用いて子どもを持った場合であればなおさらだ。通常の精子・卵子を用いて生まれた子どもと、体外で作られた精子・卵子を用いて生まれた子どもには道徳的な違いはない。この点は、すぐ後で道徳的地位の観点から論じる際に再び扱う。

31　Smajdor et al. 2018.; Zwart, H. A. E. 1994. The moral significance of our biological nature. *Ethical Perspect* 1(2): 71–78.

32　遺伝子組み換え作物や近年問題になっているゲノム編集食品のように短期間で手を加えた作物と、品種改良など長期間手を加えてこられた作物との違いも、自然物、人工物の区別を導入することで理解しやすくなる。前者は人工的かつ不自然ではあるが、後者は人工的でこそあるものの、前者に比べて自然に近いというような相対評価が可能になる（Smajdor et al. 2018: 3）。

33　Smajdor et al. 2018.

34　Testa and Harris 2005.

35　朝日新聞「精子提供ネットで広がり」2020年：https://www.asahi.com/articles/ASN944RS6N84PTIL01B.html

36　Testa and Harris 2004; Testa and Harris 2005.

37　興味深いことに、デンマークの一般市民を対象に行われた意識調査では、同性カップルがこの技術を利用することに対して大多数の人が認めるという結果が出ている（Hendriks, S. et al. 2018. The acceptability of stem cell-based fertility treatments for different indications. *Mol Hum Reprod* 23(12): 855–863）。

38　Notini, L. et al. 2019. Drawing the line on in vitro gametogenesis. *Bioethics* 34（1）: 123–134.「より良い子どもを持つ」という目的は優生学的だと言われることがある。ナチスドイツのように国家が主導した優生学と同様だという批判だ。しかし、生命論理学者のジュリアン・サヴァレスキュなどは、国家が主導する生殖には反対し、自分たちの主張は個人の自己決定に基づくものだというように旧事の優生学との違いを強調する。少し後でも触れるが、このような論者の議論は、新しい種類の優生学、「新優生学（new-eugenics）」などと呼ばれる。

私は、次の二つの理由により、親の望む特性や能力を獲得させる利用法には悲観的であり、実際にそのような形でこの技術が利用されるとは考えていない。第一に、これまで着床前診断を用いた胚の選別も公然と、また大々的に行われておらず、今後も着床前診断で親の望む特性や能力を持つ胚を選別することを容認する方向に社会が変わるとは考えにくいため。第二に、各国における胚の研究利用とその規制を見れば、今後も胚が過度に道具的に扱われることはなさそうであるためだ。そのため、少なくとも本章では優生学的な目的での利用の可能性には言及しない。

39　Notini et al. 2019: 126; Oakely, J. and Cocking, D. 2004. *Virtue Ethics and Professional Roles*. Cambridge: Cambridge University Press .

40　Notini et al. 2019: 126; Boorse, C. 1977. Health as a theoretical concept. *Philos Sci* 44(4): 542–573, Boorse, C. 2014. A second rebuttal on health. *J Med Philos*. 39(6): 683–724.

41　Notini et al. 2019: 127.

42　日本 WHO 協会は "well-being" を「満たされた状態」と訳している。

43　Notini et al. 2019；Cousineau, T. and Domar. A. 2007. Psychologcal impact of infertility. *Best Pract Res Clin Obstet Gynaecol* 21（2）: 2293–308; Valentine, D. 1986. Psychological impact of infertility. *Soc Work Health Care* 11（4）: 61–69.

44　ノティニたちの挙げる二つの倫理原則は「医療倫理の四原則（four principles of biomedical ethics)」——自律尊重（respect for autonomy)、善行（beneficence)、無危害（non-maleficence)、正義（justice)——に由来する（Beauchamp and Childress 2019)。

45　ノティニたちは挙げていないが、黒人差別や性差別に対する積極的な差別是正措置が補償的正義の具体例である。

46　Notini et al. 2019; Murphy, T. 2018. Pathways to genetic parenthood for same-sex couples. *J Med Ethics* 44(12): 823–824.

47　独身者は独身者でも、たとえば、幼少期に両親の夫婦関係で不遇な日々を過ごした男性が、自分の子どもに同じ辛い思いをさせたくないと考え、自身のみに遺伝的につながりのある子どもを持とうとする場合が想定される。しかし、この事例では、その男性に必要なのは、IVG 技術ではなく、幼少期のトラウマを癒すことかもしれない。また、仮に体外で（彼の細胞から作られた iPS 細胞を用いて）卵子を作ることができたとしても代理出産が必要になる。代理母の親権や親子関係の認定に関わる法規制は国によって様々で、その男性が生まれてくる子どもの親になるのは難しい場合があり（例：生みの親が遺伝学上の母親となる場合)、彼の希望は十分に満たされない可能性もある（Notini et al. 2019: 130–131)。なお、男性同士、または男性の独身者が体外で作られる卵子を生殖利用する場合、当面は代理出産に伴う倫理問題が生じるだろう。

48　パーフィット『理由と人格』48 頁。

49　厚生経済学やコスト・ベネフィット（費用便益）評価分析で採用されている「社会的割引率（Social Discount Rate)」という考え方で、割引率を導入してコスト・ベネフィット評価をするというもの。しかし、割引率を何％に設定するかは、行為や政策の中長期的（数 10 ～数 100 年）な影響を評価する上で重要となる。

第5章

01 Gyngell, C. et al. 2017. The ethics of germline gene editing. *J Appl Philos* 34(4): 498–513; Gyngell, C. et al. 2019. Moral reasons to edit the human genome. *J Med Ethics* 45(8): 514–523.

02 このとき利用された胚は、二つの精子が卵子と受精することで、発生が正常に進まないもの、言い換えると、たとえ子宮に移植しても発生に至らないものであった。この胚に対して、βセラサミアを引き起こす可能性のある遺伝子を操作したというのだ。その後も中国では胚へのゲノム編集研究が盛んに行われている（Liang, P. et al. 2015. CRISPR/Cas9-mediated gene editing in human tripronuclear zygotes. *Protein Cell* 6(5): 363–372）。

03 Regalado, A. 2018. EXCLUSIVE: Chinese scientists are creating CRISPR babies: https://www.technologyreview.com/2018/11/25/138962/exclusive-chinese-scientists-are-creating-crispr-babies/

04 Brokowski, C. 2018. Do CRISPR germline ethics statements cut it? *CRISPR J.* 1(2): 115–125.

05 治療・予防またはエンハンスメントを目的にした胚への遺伝的介入もそれほど新しい問題ではなく、1990年代以降、生殖医療の倫理において盛んに論じられてきた。代表的なものは、Harris, J. 1992. *Wonderwoman and Superman.* Oxford: Oxford University Press; Silver, L. 1997. *Remaking Eden.* London: Weidenfeld & Nicolson History（シルヴァー・M・リー［東江一紀ほか訳］『複製されるヒト』翔泳社、1998年）; Fukuyama, F. 2002. *Our Posthuman Future.* New York: Farrar, Straus & Giroux（フランシス・フクヤマ［鈴木淑美訳］『人間の終わり』ダイヤモンド社、2003年）。

06 Nuffield Council on Bioethics. 2016. *Genome editing*: https://www.nuffieldbioethics.org/wp-content/uploads/Genome-editing-an-ethical-review.pdf

07 Beriain, I. 2018. Human dignity and gene editing. *EMBO Rep.* 19(10): e46789; Raposo, V. 2019. Gene editing, the mystic threat to human dignity. *J Bioeth Inq.*16(2): 249–257; Seggers, S. and Mertes, H. 2019. Does human genome editing reinforce or violate human dignity? *Bioethics* 34(1): 33–40. 他にも、Sykora, P. and Caplan, A. 2017. Germline gene therapy is compatible with human dignity. *EMBO Rep* 18: 2086–2086 を参照。

08 Beriain 2018.

09 二重結果論の具体例として、テロを目的にした乗客を乗せた民間航空機を爆撃する場合（乗客を死亡させることは予見されている）、末期患者の苦痛を緩和するためにモルヒネを注射する場合（患者の死を早めることが予見されている）、がんの妊婦から子宮を摘出する場合（胎児の死が予見されている）、自衛のために加害者を殺す場合（加害者の死が予見されている）、などが挙げられる。これらはすべて、負の結果を予見していても、それを意図していないとして許容される、というわけだ。これに対する批判は、以下を参照。McIntyre, A. 2018. Doctrine of double effect. *The Stanford Encyclopedia of Philosophy*: https://plato.stanford.edu/archives/spr2019/entries/double-effect/（2021年6月28日最終閲覧）.

10 Raposo, V. 2018. Gene editing, the mystic threat to human dignity. *J Bioeth Inq.* 16(2): 249–257.

11 人間の尊厳の問題を初めて主題的に論じたのは他ならぬカントである。カントは、理性（人間性や意志のこと）を持つ個々人（人格）を単なる手段として用いてはならないと述べた。定言命法の第二定式（目的自体の定式化）である。

12 Macklin, R. 2003. Dignity is a useless concept. *BMJ* 327(7429): 1419–1420.

13 Feinberg, J. 1980. The child's right to an open future. In: Aiken W, LaFollette H (eds) *Whose Child?* Totowa:

Rowman and Littlefield; Davies, D. 1997. The child's right to an open future. *Cap Univ Law Rev* 26(1): 93–106, Millum, J. 2014. The foundation of the child's right to an open future. *J Soc Philos* 45(4):522–538.

14　とはいえ、着床前診断で胚を選別するよりも、ゲノム編集で胚を治療する方が道具化の問題が深刻だとも言えない（Hammerstein, A. et al. 2019. Is selecting better than modifying? *BMC Med Ethics* 20(1): 1–13）。

15　Habermas 2003.

16　ロパソは、健康でありたいという利害が遺伝性のゲノム編集を支持する理由になると考え、これに反対することは深刻な遺伝性疾患を抱える人を人質に取るようなものだと批判する。哲学者のピーター・シコラと医療倫理学者のアーサー・カプランも、ゲノム編集によって利益が見込まれるにもかかわらず、優生学につながるという理由で反対する者に対して、同様の表現を用いて非難している（Sykora and Caplan 2017）。

17　ヒトゲノム宣言の第2条とは、「(a) 何人も、その遺伝的特徴の如何を問わず、その尊厳と権利を尊重される権利を有する。(b) その尊厳ゆえに、個人をその遺伝的特徴に還元してはならず、また、その独自性及び多様性を尊重しなければならない」という箇所である。

18　ラポソは、人間の尊厳を「自律としての尊厳」として理解した場合、どのような結論が導かれるのかにも触れている。その結論とは、個人の利害のためにゲノム編集を行うことは自律的な判断・選択として尊重されるべきだといのものだ。併せて以下の論文も参照（Beriain, I. and Sanz, B. 2020. Human dignity and gene editing. *J Bioeth Inq.* 17(2): 165–168）。

19　Segers, S. and Mertes, H. 2018.

20　Ranish, R. 2019. 'Eugenics is back'? *NanoEthics* 13: 209–222; Paul, D. B. 1994. Is Human Genetics Disguised Eugenics? In: Weir R, Lawrence S, Fales E (eds) *Genes and human self-knowledge*. Iowa City: University of Iowa Press, 1994.

21　ラニッシュは、これが極端な事例だと考える人に対して、感染症治療としてある抗生物質の有効性が分かっていると想像するように促す。子どもがその感染症に苦しんでいれば、あなたは（またおそらく多くの人も）その子どもを有効性の確認された抗生物質で治療すべきだと考えるはずだ。実際、過去には、医療ではなく神に救いを求めたことで、親が子どもへの抗生物質による治療を拒否する事例が起こった。親は子どもへの治療の差し控えを要求し、子どもを死なせた親は、結果的に過失致死と児童虐待の罪に問われたという。この事例は、将来、生まれてくる子どもの病気や障害をゲノム編集で治療・予防できるにもかかわらず、親がそれを差し控えた場合、その親が罪に問われることがありうることを示しているというのだ（Ranish, R. 2019: 213; Fiedersdorf, C. 2017. Will editing your baby's genes be mandatory? *Atlantic*: https://www.theatlantic.com/politics/archive/2017/04/will-editing-your-babys-genes-be-mandatory/522747/）。

22　Ranish 2019; Cowan, R. 2009. Moving up the slippery slope. *Am J Med Genet* Part C Semin Med Genet 151C: 95–103.

23　Ranish 2019: 214; Hayden, E. 2016. Should you edit your children's genes? *Nature* 530: 402–405.

24　Ranish 2019: 214; Gyngell et al. 2019.

25　Ranish 2019: 214; Wesley, A. 2016. Is gene editing causing a revival of eugenics: https://thehumanist.com/news/science/gene-editing-causing-revival-eugenics, Hayden, E.C. 2016. Should you edit your children's genes? *Nature*

530(7591): 402–405.

26　Sparrow, R. 2015. Imposing genetic diversity. *Am J Bioeth*. 15(6): 2–10.

27　この用語は、生命倫理学者のニコラス・エイガーが導入したものである（Ager, N. Liberal eugenics. *Public Aff Q* 12(2): 137–155; Agar, N. 2004. *Liberal Eugenics*. Oxford: Blackwell）。

28　Harris, J. 1998. Rights and reproductive choice. In: Harris J, Holm S (eds) *The future of human reproduction*. Oxford University Press, Oxford: 22.

29　Savulescu 2001; Savulescu, J. 2015. Five reasons we should embrace gene-editing research on human embryos. The Conversation: https://theconversation.com/five-reasons-we-should-embrace-gene-editing-research-on-human-embryos-51474; Agar, N. 2004; Harris, J. 2007. *Enhancing Evolution*. Princeton: Princeton University Press; Harris, J. 2015. Germline manipulation and our future worlds. *Am J Bioeth* 15(12): 30–34; Gyngell et al. 2017.

30　集団や個人にある行動を取ったり、選択したりするよう後押しをすることを「ナッジ（nudge）」と言う。スウェーデン、ノルウェー、フィンランドなど北欧の国々でも、1930 年代から 1970 年代まで、6 万件を越える不妊手術が行われたが、そのうち強制的であったとされるのは 3 分の 1 にとどまるという。その他の 3 分の 2 に関しては、間接的な圧力や情報不足が原因だとされる。

31　Ranish 2019: 218

32　Janssens, A. C. J. W. 2016. Designing babies through gene editing. *Genet Med* 18: 1186–1187.

33　米本昌平他『優生学と人間社会』講談社、2000 年。

34　遺伝的につながりのある子どもを望まなければ、精子・卵子提供や養子縁組で子どもを持つという選択肢がある。

35　Cavaliere, G. 2018. Looking into the shadow. *Monash Bioeth Rev* 36: 1–22; Ranish 2020.

36　実際のところ体外受精をしたものの、正常な胚を一つしか作れない場合も多い（Human Fertilisation & Embryology Authority. 2011. *Fertility treatment in 2011*: https://www.hfea.gov.uk/media/2079/hfea-fertility-trends-2011.pdf）。

37　Gyngell et al. 2017.

38　de Wert, G. et al. 2018. Responsible innovation in human germline gene editing. *Eur J Hum Genet* 26(4): 450–470. 着床前診断ではなく遺伝性のゲノム編集を支持する宗教的理由として、胚の損失の問題（廃棄される胚の数が減るという問題）が挙げられるが、これはそれほど単純ではない。なぜなら、研究開発の過程で多くの胚が破壊されると予想されるからだ。義務論に照らせば、将来的に廃棄される胚の数が減るからといって、研究開発の過程で胚を破壊することは正当化されないかもしれず、帰結主義に照らせば、将来的に廃棄される胚の数が減るという理由は、現在の胚の破壊を正当化しうるのである（Gyngell et al. 2017; Savulescu, J. 2002. The Embryonic Stem Cell Lottery and the Cannibalization of Human Beings. *Bioethics* 16 (6): 508–529.）。

39　Gyngell, C. et al. 2017. The ethics of germline gene editing. *J Appl Philos*. 34(4): 498–513.

40　Battissi, D. 2021. Affecting future individuals. *Bioethics* 35(5):487–495.

41　Ranish, R. 2020. Germline genome editing versus preimplantation genetic diagnosis. *Bioethics* 34(1): 60–69.

42　Hammerstein et al. 2019.

43　Hammerstein et al. 2019: 7; Gonter, C. 2004. The expressivist argument, prenatal diagnosis, and selective abortion.

Macalester Journal of Philosophy 13(1): 1.

44　Savulescu 2001.

45　Hammerstein et al. 2020; Ager, N. 2019. Why we should defend gene editing as eugenics. *Camb Q Healthc Ethics* 28(1): 9–19.

46　Cwik, B. 2019. Moving beyond 'therapy' and 'enhancement' in the ethics of gene editing. *Camb Q Healthc Ethics* 28(4): 695–707.

47　Collins, F. 2015. Statement on NIH funding of research using gene-editing technologies in human embryos. National Institutes of Health: https://www.nih.gov/about-nih/who-we-are/nih-director/statements/statement-nih-funding-research-using-gene-editing-technologies-human-embryos

48　Lanphler, E. et al. 2015. Don't edit the human germ line. *Nature* 519(7544): 410–411.

49　Gyngell et al. 2017.

50　遺伝性のゲノム編集によって害悪を被る対象として、ギンジェルたちは胚も含まれうると言う。もちろん、胚が（道徳的な意味で）害悪を被ると言えるのかどうかは議論の余地がある。経験や欲求を持たない存在は福利を持たないと言えるからだ。もしそうだとすれば、胚は経験（快楽や苦痛）や欲求を持たず、ゆえに福利を持たない、ゆえに胚は害悪を被る対象とは見なせない。しかし一方で、胚が害悪を被る対象であると認めるとしても、研究開発やそうした研究開発への資金助成を禁止すべきということにはならない。なぜなら、すでに胚を用いたさまざまな科学研究が進められていたり（多くの国がそうした研究に助成をしている）、妊娠中絶が認められたりしているからだ。

51　とはいえ、中絶に伴う女性の身体的・精神的リスクを考慮すれば、ギンジェルたちの提案を真に受けることはできないだろう。

52　Habermas 2003; Pugh, J. 2014, Autonomy, natality, and freedom. *Bioethics* 29(3): 145–152.

53　ミトコンドリア（細胞内でエネルギーをつくり出す小器官）に異常のある卵子または受精卵から核を取り出し、ミトコンドリアの正常なドナー卵子に移植する方法。

54　Cwik, B. 2020. Intergenerational monitoring in clinical trials of germline gene editing. *J Med Ethics* 46(3): 183–187.

55　Richardson, H. 2012. *Moral Entanglements*. Oxford: Oxford University Press.

56　Evitt, N. et al. 2015. Human germline CRISPR-Cas modification. *Am J Bioeth*. 15(12): 25–29; Smolenski, J. 2015. CRISPR/Cas9 and germline modification. *Am J Bioeth*. 15(12): 35–37.

57　Dresser, R. 2004. Genetic modification of preimplantation embryos. *Milbank Q*. 82(1): 195–214.

58　Mulvihill, J. et al. 2017. Ethical issues of CRISPR technology and gene editing through the lens of solidarity. *Br Med Bull* 122(1): 17–29; Nuffield Council on Bioethics. 2018. *Genome Editing and Human Reproduction*: https://www.nuffieldbioethics.org/wp-content/uploads/Genome-editing-and-human-reproduction-FINAL-website.pdf; Cavaliere 2018.

59　たとえば、以下の論文ではエンハンスメント目的での遺伝性のゲノム編集に関する意識調査を実施したところ、否定的な態度が示されたことが報告されている。Sheufele, D. et al. 2017. U.S. attitudes on human genome editing. *Science* 357(6351): 553–554.

60　Botkin J. R. 2020. The case for banning heritable genome editing. *Genet Med* 22(3): 487–489.

文献案内

本書に関心を持ち、先端科学技術の倫理についてさらに学びたい人におすすめする文献などを紹介しておきたい。ちなみに、本書で扱ったテーマに関しては、各章の注に掲載されているものが最新の議論なので、そちらも併せて参照してもらうとよいだろう。

応用倫理学の入門書を読む前に

本書の内容が難しいと感じた人、またはそもそも本を読み慣れていないので、肩慣らしから始めたいという人には、マンガで学ぶシリーズの一読をおすすめする。マンガとはいえ、倫理学を専門とする研究者が書いた本なので、入門書を読む前には最適かもしれない。特に、『マンガで学ぶ生命倫理』では、iPS 細胞やクローン人間など、本書にも関わるテーマが扱われている。

児玉聡、なつたか『マンガで学ぶ生命倫理』化学同人、2018 年。
伊勢田哲治、なつたか『マンガで学ぶ動物倫理』化学同人、2018 年。
林芳紀、伊吹友秀、KEITO『マンガで学ぶスポーツ倫理』化学同人、2021 年。

応用倫理学（生命倫理学など）についてさらに学べる入門書

マンガで学ぶシリーズを読んだ後、また本書を読んだ後、応用倫理学が面白そうだから、さらにこの分野について学んでみたいという人には、日本語で読める以下の入門書をおすすめする。必ずしもすべてが分野を俯瞰しているわけではないが、この分野に関する理解を深めることにつながるだろう。

赤林朗編『入門・医療倫理 I　改訂版』勁草書房、2017 年。
赤林朗編『入門・医療倫理 II』勁草書房、2007 年。

ジェイムズ・レイチェルズ（古牧徳生、次田憲和訳）『現実を見つめる道徳哲学』晃洋書房、2003年。

原著 James Rachels. 2018. *Elements of Moral Philosophy*, 9th Edition, ed. by Stuart Rachels. New York: McGraw-Hill Education.

ジョナサン・グラバー（加藤尚武、飯田隆監訳）『未来世界の倫理』産業図書、1996年。

Jonathan Glover. 2006. *What Sort of People Should There Be?* Harmondsworth: Pelican.

トム・ビーチャム、ジェイムズ・チルドレス（立木教夫、足立智考訳）『生物医学倫理　第5版』麗澤大学出版会、2009年。

Tom L. Beauchamp and David DeGrazia. 2019. *Principles of Biomedical Ethics*, 8th Edition. New York: Oxford University Press.

ピーター・シンガー（山内友三郎監訳）『私たちはどう生きるべきか』筑摩書房、2013年。Peter Singer. 1997. *How Are We to Live?* Oxford, New York: Oxford University Press.

――（山内友三郎、塚崎聡監訳）『実践の倫理　新版』昭和堂、1999年。

Peter Singer. 2011. *Practical Ethics*, 3rd Edition. New York: Cambridge University Press.

マイケル・ダン、トニー・ホープ（児玉聡、赤林朗訳）『医療倫理超入門』岩波出版、2020年。

Michael Dunn and Tony Hope. 2018. *Medical Ethics*. Oxford: Oxford University Press.

さらに深く学びたい人はどこかの段階で、是非、英語の入門書にも手を伸ばしてもらいたい。その際にまず読むのをおすすめするのが以下の3冊である。

1冊目は、海外の生命倫理学の最前線を垣間見ることができ、2冊目は、社会科学を取り込んだ生命倫理学の可能性を知ることができる。また3冊目は、動物実験の倫理を考える際の最新の研究成果であり、著者たちの立場に対する批評論文も所収されているので併せて参照するとよいだろう。

特に、1冊目の各章にある文献案内を読むことで、この分野を牽引する海外の生命倫理学者がどんな本をすすめているのかを知ることができる。

Dominic Wilkinson, Jonathan Herring, Julian Savulescu. 2020. *Medical Ethics and Law*, 3rd Edition. Oxford: Elsevier.

Jonathan Ives, Michael Dunn, Alan Cribb (eds). 2016. *Empirical Bioethics*. Cambridge: Cambridge University Press.

Tom L. Beauchamp and David DeGrazia. 2020. *Principles of Animal Research Ethics*. New York: Oxford University Press.

他にも、オックスフォード・ハンドブック・シリーズからは、応用倫理学の論文集が出版されている（本シリーズはすべての分野をカバーしている）。本書で扱ったテーマにも関係する、生命倫理学、動物倫理学、脳神経倫理学のシリーズは参照に値するだろう。あまりに分厚いので読むのを躊躇するかもしれないが、すべてを読む必要はなく、読者の関心に合わせて読んでもらいたい。ちなみに、各章では文献案内もあるため、さらに理解を深めたい人はそれらも併せて目を通すとよいだろう。

Bonnie Steinbok (ed). 2009. *The Oxford Handbook of Bioethics*. Oxford, New York, Oxford University Press.

Tom L. Beauchamp and R. G. Frey (eds). 2014. *The Oxford Handbook of Animal Ethics*. Oxford, New York, Oxford University Press.

Judy Illes and Barbara, J. Sahakian (eds). 2011. *The Oxford Handbook of Neuroethics*. Oxford, New York, Oxford University Press.

応用倫理学を学ぶうえで役立つオンラインソース

本書でも、重要な概念に言及する際には何度か引用したが、インターネット哲学百科事典とスタンフォード倫理学百科事典は参考になる。各エントリーはその分野の専門家が執筆しているため、込み入った話も出てくるが、冒頭部分を参照するだけでもよいだろう。

また、ナフィールド生命倫理評議会と米国科学・工学・医学アカデミーは、先端科学技術の倫理問題に関して時宜にかなった議論を行い、充実した報告書をまとめることで定評がある。本書でも扱った、キメラ研究、体外での配偶子形成、遺伝性のゲノム編集などについても議論がなされており、科学、倫理、政策に関して最新の動向を知るうえで参考になる。また国内でも、日本学術会議や内閣府・生命倫理専門調査会が同様の議論を行っているため、関心があればそれらのサイトを覗いてみるとよいだろう。ちなみに、すべて無料で閲覧できる。

Internet Encyclopedia of Philosophy（インターネット哲学百科事典）：https://iep.utm.edu
Stanford Encyclopedia of Ethics（スタンフォード倫理学百科事典）：https://plato.stanford.edu
Nuffield Council on Bioethics（ナフィールド生命倫理評議会）：https://www.nuffieldbioethics.org/publications
National Academy of Sciences, Engineering, Medicine（米国科学・工学・医学アカデミー）：https://www.nationalacademies.org/publications
日本学術会議：http://www.scj.go.jp/ja/info/index.html
内閣府・生命倫理専門調査会：https://www8.cao.go.jp/cstp/tyousakai/life/lmain.html

倫理学についてさらに学べる入門書

近年、日本語で読める倫理学の入門書が充実してきているので、倫理学についてさらに学びを深めたい人は以下の入門書を手にとってほしい。

赤林朗、児玉聡編『入門・倫理学』勁草書房、2018年。
伊勢田哲治『動物からの倫理学入門』名古屋大学出版会、2008年。
ウィル・キムリッカ『新版　現代政治理論』日本経済評論社、2005年（分厚い本だが、政治理論が詳細に紹介されている）。
加藤尚武『現代倫理学入門』講談社、1997年。
久木田水生、神崎宣次、佐々木拓『ロボットからの倫理学入門』名古屋大学出版会、2017年。
サイモン・ブラックバーン（坂本和弘、村上毅訳）『ビーイング・グッド』晃洋書房、2003年。
佐藤岳詩『メタ倫理学入門』勁草書房、2018年（上記 Ives et al. *Empirical Bioethics* を読む前に一読しておくと良いだろう）。
柘植尚則『プレップ倫理学　増補版』弘文堂、2021年。

最後に、本書で扱った道徳的地位の議論に関心を持った人は、メアリー・アン・ウォレン自身の議論もぜひ一読してもらいたい。

Mary Anne Warren. 2002. *Moral Status: Obligations to Persons and Other Living Things.* Oxford: Oxford University Press.

あとがき

私が生命倫理学の分野に踏み込んだのは、2012年10月のことである。幸いにもオックスフォード上廣セント・クロス奨学金を受給し、生命倫理学の分野で世界的に有名なイギリス・オックスフォード大学で学ぶ機会を得た。留学期間中は、オックスフォード大学ウエヒロ応用倫理研究センターのジュリアン・サヴァレスキュ先生、またトニー・ホープ先生からマンツーマンの指導をいただいたが、それが私にとって生命倫理学の原点である。ちなみに、渡英直後の2012年10月に、山中伸弥先生がノーベル生理学・医学賞を受賞されるとの報道を知り、異国の地で、iPS細胞研究の倫理に関する研究を開始した。そのテーマでここまで研究することになるとは、その当時は考えもしなかった。人との出会いは本当に大事だと感じている（私の生命倫理学との邂逅については、2020年秋に京都大学広報誌『紅萌（くれなゐもゆる）』［38号］に掲載されたインタビュー記事「生命科学の最先端から進歩の先にある社会を描く」でも述べている）。

人との出会いという意味では、大学院から指導いただき、オックスフォード大学への留学も後押ししてくださったカール・ベッカー先生（京都大学）、またイギリスから帰国後、京都大学iPS細胞研究所（CiRA）上廣倫理研究部門での勉強会に参加する機会をいただいた（そしてその後、同部門に研究員として迎えてくださった）藤田みさお先生には特に感謝の意を表したい。

2019年7月には、山中伸弥先生が所長を務めておられる京都大学CiRAから、斎藤通紀先生が拠点長を務めておられる京都大学高等研究院ヒト生物学高等研究拠点（ASHBi）に所属が変わったが、いずれの研究所でも、素晴らしい先生方、同僚、研究支援の方々に恵まれた。国内トップレベルの自然科学の研究機関に所属し、最新の知見を得ることができなければ、本書は存在しなかった。山中先生や斎藤先生をはじめ、伊佐正先生、小川正先生、ジャンタシュ・アレヴ先生など、日頃お世話になっている先生方にこの場を借りて、深く感謝申し上げる。

さて、本書の研究は六つの研究費による研究成果であることを記しておきたい。

2017年4月～2021年3月　日本学術振興会・科学研究費・若手研究（B）

「ヒトiPS細胞研究に伴う倫理的問題の研究」（17K13843）

2018 年 9 月～ 12 月 京都大学教育研究振興財団・在外研究助成
「ヒト iPS 細胞研究に伴う倫理的問題の研究」
2019 年 11 月～2020 年 3 月 Kyoto University ASHBi Fusion Research Grant for Young Scientists, “Ethics of Research using Human Embryo-like Structures,” “Ethics of Human Brain Organoid Research,” “Ethics of Human Germline Epigenome Editing.”
2020 年 4 月～2022 年 3 月 Kyoto University ASHBi Fusion Research Grant for Young Scientists, “Examining Ethics and Governance in Developmental Biology.”

研究費を獲得するということは、決まった期間、研究計画を実現するために必要な経済的支援をしてもらうことである。そうした経済的支援を得ることができることで、安心して研究に打ち込み、国内外で研鑽を積み、研究ネットワークを構築し、研究成果を出すことができる。このプロセスを支援いただいたことは本当に心強かった。本書には国際誌などで発表した成果も部分的に含まれるが、何より本書に結実させることができたことを大変有難く思っている。

本書は、2018 年 9 月～ 12 月のオックスフォード大学での在外研究中に、構想を本格的に開始した。在外研究の間に、生命倫理学の分野を牽引する研究者に、集中的に研究の相談をすることができた。特に、サヴァレスキュ先生、ホープ先生、またトム・ダグラスさん、ジョナサン・ピューさんには貴重な意見をいただいた。本書が日本語の書籍であるために、研究の相談に乗っていただいた先生方や友人に、本書（そしてこの謝辞）を読んでもらえないのは残念だが、記して謝意を表したい。

また、本書をパラパラとめくってくださった読者の皆さんは、所々に挿入されている素敵なイラストをご覧いただけたと思う。それらすべてを描いてくださった、サイエンス・イラストレーターの大内田美沙紀さん（京都大学 CiRA）にも感謝をしたい。私の説明が足りない部分をイラストが補ってくれるとすれば、それは大内田さんのお力のおかげである。ちなみに、本の表紙イラストも大内田さんの手によるものである。本書の芸術的な側面が気に入って、手元に置いておきたいと思っていただければ、それだけでも大変嬉しく思う。

本書の執筆過程では、私が信頼する同僚に草稿を読んでもらった。特に、生命倫理学が専門の赤塚京子さん（京都大学 CiRA）には本書を何度も読んでもらった。生命倫理学の視点から、また一般読者の視点から、多くの有益な指摘をしてくれた。それによって内容をより良いものにすることができた。また、心の哲学が専門の新川拓哉さん（神戸大学）、アーレント研究者の奥井剛さん（京都大学 ASHBi）、カント研究者の高木裕貴さん（京都大学）、ヒューム研究者の澤田和範さん（日本学術振興会［関西学院大学］）にも各自のご専門の視点から貴重な指摘をいただいた。

科学者の皆川朋皓さん（京都大学 CiRA）、坂口秀哉さん（理化学研究所）には第 3 章の一部を、本田充さん（京都大学 CiRA）には第 5 章の一部を読んでもらい、私の理解が及ばない箇所を指摘してもらった。彼らとは iPS 細胞研究所で出会い、同年代ということもあり意気投合し、共同研究をするまでに発展している。科学について根気強く丁寧に説明し、私の視野を広げてくれる彼らにお礼を言いたい。その他、本書の執筆に際して、多くの方々にお世話になった。ここにお一人ずつ、お名前を記すことはできないが、心よりお礼を申し上げたい。ただし、本書の内容に関して不十分な点、不正確な点があるとすれば、それはすべて私の責任であることは言うまでもない。

また最近は、脳オルガノイド研究の倫理的・法的・社会的課題に関する国際的・学際的共同研究、また経験的生命倫理学（理論的な分析と実証的なデータを用いた分析を統合することで規範的な結論を導く実践的な学問分野）に関する国際共同研究に注力している。ただし、本書では、それらの成果を十分に盛り込むことができなかった。この点については今後の課題としたい。

慶應義塾大学出版会の編集者、片原良子さんには本当にお世話になった。片原さんに初めてお会いしたのが 2017 年（東京出張時）だったが、本書刊行まで大幅に時間がかかってしまったことを心からお詫びしたい。なかなか進まない執筆活動において、絶妙なタイミングで叱咤激励してくださり、本の構成から表現にいたるまで、丁寧に、かつ的確にコメントをくださった。本は編集者との共作だということは何度となく聞いていたが、本書は片原さんがいなければ出版できなかっただろう。本書を執筆する機会を与えてくださったことに、厚くお礼申し上げる。加えて、本書の校正を丁寧にしてくださった、校正者の中村孝子さんにも謝意を表したい。

最後に、日頃から私の研究を応援し、健康を気遣ってくれる両親には感謝の言葉がない。父は研究者としても、内容に踏み込んだ助言をしてくれ、母は一般読者として、私の研究をいつも見守ってくれている。また、兄妹の存在も大きい。家族の支えがなければ、本書を纏めることはできなかっただろう。本書を家族に贈りたい。

2021 年 8 月　　　　澤井　努

索　引

ア　行

カ　行

サ　行

タ　行

ナ　行

ハ 行

マ 行

ヤ 行

ラ 行

著者紹介
澤井　努（さわい　つとむ）
京都大学高等研究院ヒト生物学高等研究拠点・特定助教。専門は生命倫理学・哲学・宗教学。天理大学国際文化学部を卒業後、京都大学大学院博士課程修了（博士（人間・環境学））。オックスフォード大学留学、京都大学 iPS 細胞研究所上廣倫理研究部門・特定助教などを経て、現在に至る。主な著作に、『ヒト iPS 細胞研究と倫理』（京都大学学術出版会、2017 年）、共著『科学知と人文知の接点』（弘文堂、2017 年）、共著 "Mapping the Ethical Issues of Brain Organoid Research and Application" (*AJOB Neuroscience*, 2021) など。

命をどこまで操作してよいか
——応用倫理学講義

2021 年 9 月 22 日　初版第 1 刷発行

著　者——澤井　努
発行者——依田俊之
発行所——慶應義塾大学出版会株式会社
〒 108-8346　東京都港区三田 2-19-30
TEL〔編集部〕03-3451-0931
〔営業部〕03-3451-3584〈ご注文〉
〔　〃　〕03-3451-6926
FAX〔営業部〕03-3451-3122
振替　00190-8-155497
https://www.keio-up.co.jp/
装　丁——小川順子
装画・イラスト——大内田美沙紀
印刷・製本——萩原印刷株式会社
カバー印刷——株式会社太平印刷社

Printed in Japan ISBN978-4-7664-2768-4